阿里巴巴 ALIBABA 用人術

馬雲的獨門識人用人戰略，
打造最具競爭力的核心團隊

陳偉——編著

與時俱進的「阿里巴巴」人才管理戰略

由中國企業聯合會、中國企業家協會主辦的「二〇一六中國企業五百強榜單發布暨中國大企業高峰會在湖南長沙舉行，阿里巴巴入圍「二〇一六中國企業五百強」，排名第一四八位。這家中國互聯網領軍企業自一九九九年創立至今，已經走過整整十八載。

阿里巴巴集團創始人馬雲提出了遠大目標——成為能做一百零二年的企業。他指出，阿里巴巴成立於一九九九年，在二十世紀有一年的經歷，現在是二十一世紀，當阿里巴巴迎來一百零二歲生日時，恰好到了二十二世紀的開頭，阿里巴巴將成為中國少數橫跨三個世紀的公司之一。

每位企業家都有百年老店的夢想。能活到百歲的人很少，能存續百年的大公司更少。唯有建設好人才梯隊，讓一代代管理者與員工，把公司的業務與文化價值觀不斷傳承下去，才能讓企業生生不息，實現薪火相傳。從這個意義上來說，人力資源管理在阿里巴巴的「一百零二年」大計中，扮演著至關重要的角色。

與國內外眾多知名企業相比，阿里巴巴的企業文化顯得特立獨行（以笑臉文化、武俠文化、倒立文化為主要特色），其組織管理體系也自成一體，人力資源管理方面也不例外。

制訂戰略規劃時，阿里巴巴就確立了「當商場名將搖籃」的目標，向整個行業輸出自己的文化ＤＮＡ。

阿里巴巴高層在設計人力資源管理制度時，非常注意緊扣自己的企業文化。作為一個國際化的互聯網企業，阿里巴巴有著來自不同文化背景的員工，特別是在收購雅虎中國等企業後，其他公司比較成熟的企業文化讓阿里巴巴的情況變得更為複雜。為了構建統一的價值觀，阿里巴巴高層可謂絞盡腦汁，從新員工培訓到工作環境等各方面，都致力於推廣自己的價值觀與基本原則。通過這種方式把不同來源的多樣化人才群體，整合成為具有共同目標、思想、價值觀的「阿里人」。

在微觀層次的制度政策上，阿里巴巴也力求讓組織獲得最匹配的人才。

至於招募人才方面，阿里巴巴信奉「找最優秀的人不如找最合適的人」的理念，而且不從競爭對手那裡挖牆腳，鼓勵管理者從公司內部尋找超越自己的人。招募到「最合適的人」

後，阿里巴巴會從多方面鍛鍊新員工，使其成長為「最優秀的人」。

阿里巴巴用人不拘一格，只求與職位需求相符合，並堅持用明星團隊代替個人英雄。其績效考核機制不光看重業績，還強調價值觀。能力再突出的人，如果不認同公司的價值觀，同樣會被淘汰。公司一直教育員工要把自己看作不平凡事業的平凡人，避免員工產生驕傲自大情緒的同時，激勵他們向著共同的目標努力。

阿里巴巴提倡快樂工作，爭當世界最佳雇主，通過各種物質與精神方面的激勵措施來提高員工的幸福感，讓他們更好地發揮自己的才能。為了提高員工對公司的認同，阿里巴巴施行人性化管理策略，在困難時期，依然把資源優先分配給勞苦功高的基層員工，保障他們的安全感，並催生其歸屬感。

阿里巴巴對主管階層的綜合能力要求很高，他們不僅要兼具眼光、胸懷、實力，還要不居功自傲，善於跟團隊中特點各異的員工溝通交流，避免成員跟不上團隊。培養管理者是阿里巴巴人力資源管理的工作重點，公司採取輪崗制度，以圖把主管鍛鍊成通才，還要求各級主管都要「一對一」地培養自己的接班人，防止自己調離原職位時後繼無人。

每個公司都存在員工流動現象。適度的人才流動有助於增強公司的活力，但如果留不住人才，公司就會走向衰落。阿里巴巴在收購雅虎中國等企業時，也全盤接收了這些公司的人力資源。為了穩定軍心、留住人才，阿里巴巴採取四項留人方針，成功整合這股龐大的人才資源。這讓阿里巴巴的抗風險能力大大提升。

從一九九九年創立至今，阿里巴巴的人才觀念與人力資源管理體系一直在變化。不斷與時俱進、改革自己，也正是阿里巴巴最大的魅力所在。

第二章　戰略規劃：看清企業的人才發展定位

第三章　人才招募：最好的人才不如最合適的人才

高層篇 阿里巴巴的幹部管理相關機制

理念篇

阿里巴巴的人才思維

阿里巴巴有著個性鮮明的企業文化，
在此基礎上，發展出獨特的用人與育才方法。
通過在公司內部樹立「統一的價值觀」，
在人才戰略、人才招聘、員工培訓等方面都摸索出自己的套路。

CHAPTER 1

企業文化：價值觀能帶來長久的成就感

企業文化指的是公司上下共同遵守的價值觀念，其中包含大量行事準則。對企業來說，企業文化就像一面旗幟，旗幟指向哪個方向，全體員工就往哪裡前進。任何以長久存續為目標的公司，都會打造屬於自己的企業文化，否則當公司遇到困難時，就毫無凝聚力可言。

從表面上看，人力資源管理是純粹的技術活，實在的管理工具比看不見、摸不著的企業文化更加可靠。實際上，這種觀點是片面的，因為一個公司的人力資源管理體系是其企業文化價值觀的具體延伸，換句話說，就是用什麼樣的旗幟去凝聚什麼樣的人才。

阿里巴巴作為中國綜合實力排名前三的互聯網巨頭，有著獨特的文化價值觀。任何與企業文化價值觀相抵觸的人和事，都會被阿里巴巴決策層淘汰。因此，想要瞭解阿里巴巴的人才思維，首先要弄清其企業文化價值觀。

公司需要統一的價值觀

《克雷洛夫寓言》中收錄了這樣一個小故事：天鵝、蝦子和梭魚撿到了一輛車，牠們想把車子拉回去。結果蝦子用力往左拉，梭魚用力往右拉，天鵝用力往上拉。儘管大家都非常賣力，但車子就是紋絲不動。假如他們朝同一個方向使勁，早就把車子拉走了。

經營企業也是一樣，公司上下需要按照同一個方向分工合作，各行其是只會讓作用力相互抵消，寸步難行。對於這個道理，阿里巴巴集團高層都體會頗深。

阿里巴巴從最初十八人的小公司，發展至今天的「全球最大的零售交易平臺」，中途經歷了無數波折。許多老員工先後離開了阿里巴巴，但是，當初跟隨馬雲創業的「十八羅漢」不僅留下來了，還成為集團及各子公司重要崗位的高層管理者，甚至有人擠身阿里巴巴合夥人名單。

毫不誇張地說，如果沒有穩定的核心團隊，這家互聯網企業恐怕難以熬過二〇〇八年金融海嘯及其他危機，並保持良好的發展趨勢。在馬雲看來，這主要歸功於阿里巴巴統一的價值觀。

為何阿里巴巴要建立企業價值觀？

馬雲曾在一次內部談話中感嘆道：「我到紐約參加世界經濟論壇，**世界五百強的CEO談得最多的，就是使命和價值觀**。中國的企業家很少談使命和價值觀，如果你談他們會認為你太虛了，不跟你談。今天，中國的企業缺的正是使命和價值觀，所以我們的企業只會變老，不會變大……企業要有統一的價值觀。我們的員工來自十一個國家和地區，有著不同的文化，是價值觀讓我們團結在一起，奮鬥到明天。」

阿里巴巴是一家高度全球化的跨國集團，其管理最複雜的部分，就是整合來自不同國家和地區的人才資源。

生活在同一文化背景中的人尚且存在矛盾，更何況是差異明顯的人，更容易因溝通不順而發生衝突。如果使用單一管理手段，便會激化矛盾；如果一味放任，員工就會搞小團體，就像寓言裡的天鵝、蝦子和梭魚一樣無法齊心協力。

有鑑於此，**阿里巴巴在尊重多元文化的前提下，致力於用統一的價值觀來整合不同背景的員工**。

當然，阿里巴巴建設價值觀，並非依賴標語或口號，而是將其融入現代企業管理制度中。只靠激情、夢想和義氣是不足以維持價值觀的，這點在阿里巴巴創立之初，「十八羅漢」就領悟到了。阿里巴巴合夥人、集團副董事長蔡崇信對此厥功至偉。

當年蔡崇信拋棄高薪加入剛起步的阿里巴巴，為馬雲及其他合夥人帶來先進的現代企業管理理念，避免阿里巴巴成為家族式企業，奠定其國際化發展的根基，也使馬雲倡導的價值觀得以落實。每當公司上下感到迷茫和困惑時，阿里巴巴就會發起「整風運動」，重新統一大家的認知。

二〇〇五年收購雅虎中國後，阿里巴巴的事業登上一個新臺階。但馬雲對此憂心忡忡，擔心公司上下因形勢大好而失去冷靜，於是發起了一輪「整風運動」。

馬雲說：「我們現在勢頭正猛，阿里巴巴B2B準備上市，淘寶、支付寶都不錯，雅虎也恢復過來了，現在又有了阿里軟體、阿里媽媽。但問題往往就出在這裡，很小心的時候不會出問題，形勢大好的時候最容易出問題。這個時候，我們的高管們一定要坐下來認真統一思想，再度明確我們要去哪裡。假如我們的價值觀不統一、目標不統一、使命感不統一，我們又會陷入二〇〇一年的局面。」

當時阿里巴巴各方面的業務都發展迅猛，一路高歌猛進，攤子鋪得非常大。收購雅虎中國時，公司團隊的平均年齡才二十六歲，面對媒體的熱捧，難免有人飄飄然，低估今後可能遇到的困難。而各部門的壯大使得整個集團的協調工作變得更複雜，如果不能把價值觀、目標和使命感重新統一，阿里巴巴旗下各單位就有可能逐漸各行其是，產生不了合力。

從結果來看，「整風運動」把阿里巴巴內部盲目樂觀的情緒一掃而空。全體員工意識到，現在的成功還不足以沾沾自喜，公司的競爭對手相當強大，因此必須冷靜地判斷局勢，走好下一步。

同時，讓老員工們統一了對工作的認知，也讓從雅虎中國進來的新員工接受了公司獨特的企業文化價值觀。新舊員工價值觀達成一致，標誌著阿里巴巴真正融合了原本雅虎中國的戰略資源。

做決策時不能與公司價值觀相抵觸

任何決策都存在利弊，有時得大於失，有時得不償失。努力維持前一種情況，就是公司決策的意義。但做決策時，決策者往往會犯這樣或那樣的錯誤，從而出現「昏招」，導致企業營運不良。其中一種常見的錯誤，就是做出與公司價值觀相抵觸的決策。

公司價值觀揭示了一個企業努力的方向，是公司各種戰略規劃、方針政策、組織架構及人力資源管理制度的總源頭。

例如，迪士尼的公司價值觀是「為所有人創造歡樂和幸福」，其影視作品和迪士尼遊樂園都在弘揚這個企業價值觀。如果有一天迪士尼決定拍攝悲劇電影，就會在廣大消費者中引起軒然大波。別的影視公司拍悲劇電影並不是什麼大問題，但迪士尼一直以「為所有人創造歡樂和幸福」為企業使命，已經為全世界樹立了快樂文化的品牌印象，如果親手推翻這個形象定位，喜歡迪士尼的消費者將難以接受。

因此，馬雲指出：「領導者一定要為你的團隊確立價值觀，要和手下的人約法三章。許多小公司發展成大公司後，覺得今天公司大了，什麼事都可以做了。希望大家記住，經營大企業，要有小企業的思維和大企業的眼界。任何大企業都是這樣走出來的，誰也不是一下子就很強大的。」

阿里巴巴集團的使命是「讓天下沒有難做的生意」，無論是淘寶網，還是公司開發的其他軟體，都立足於幫助客戶（廣大中小企業）把生意做得更簡單、更容易。這就是阿里巴巴集團做決策時所依據的根本價值觀。

不因公司茁壯而迷失的關鍵

不少企業在因緣際會中迅速壯大，壯大後就迷失了方向。他們最初有明確的企業使命與價值觀，知道往哪個方向發展。當這些公司發展到一定程度時，又會覺得另一個行業更好賺錢，於是捨棄了原先的企業使命，投入自己不熟悉的新領域，此前的強項也被競爭對手趁機迎頭趕上，很多公司因此衰落。最終，進也不是，退也不是，兩頭都落空。

阿里巴巴集團非常重視此類教訓，一直努力避免出現這種情況。馬雲說：「阿里巴巴所有的組織結構，包括設立這七家公司、建立阿里學院，都緊緊圍繞著我們的使命和價值觀，我們的任何政策都不能與它們相違背，凡是違背價值觀、使命感的政策，我們一定要拿掉。

正因為有這套價值觀、使命感和文化，才誕生今天的阿里巴巴。」

這是阿里巴巴做決策的首要原則。不過，堅持做到這一點並不容易。公司價值觀的形成需要一個過程，並非一開始就定型。因此阿里巴巴在創業過程中，一邊摸索、一邊總結，讓公司的戰略和價值觀一點一點變得清晰。

被員工尊稱為「教授」的阿里巴巴集團學術委員會主席、湖畔大學教育長曾鳴指出：「一個公司戰略開始模糊的表現，就是大家經常為一些問題吵架，但是吵到最後吵不清楚就不吵了，然後各自去幹各自的了。吵不清楚的原因是背後一個根本性的問題沒想明白，戰略跟想法是不一樣的。董事長很多時候是有想法，但是沒有變成團隊的戰略的共識。」

可見阿里巴巴在發展初期價值觀還是很模糊的，雖然有開拓電子商務的目標，但具體經營決策時，並不確定哪些措施更符合公司追求的使命。

根據曾鳴的回憶，當年淘寶網採取的是草根野蠻生長的粗放型管理模式，產品經理主導一切，公司根據業務狀況自下而上地成長。大家靠著相同的願景與大方向凝聚在一起，但不知道怎樣做才是正確的。於是在爭論之後，不同的團隊都按自己的想法嘗試，通過不斷試錯，最後發現戰略成型期的大致方向是正確的，然後阿里巴巴就開始嘗試控制這種各行其是的做法，努力讓各個團隊達成戰略共識。

所謂戰略共識，並不只是馬雲一個人的想法，而是所有團隊共同的認識。有人支持、也有人反對，那就只是意見，離共識還差得遠。

樹立真正意義上的戰略共識，少不了要經過一番耐心地說服，求同存異，共析疑義。**通過混亂的嘗試後，找出代表最大公約數的戰略共識，也恰恰是公司文化價值觀最終走向成熟的過程**。當公司價值觀定型後，任何違背價值觀的決策，都會動搖公司的發展方向與基本營運。為此，管理層應當注意不要做出與公司價值觀相互衝突的決策。這會讓員工無所適從，從而導致公司規章制度變得難以執行。

作為中國互聯網行業三巨頭之一的阿里巴巴集團，在發展過程中遭遇過許多波折，也不是沒出現過決策失誤的情況。馬雲等人總說阿里巴巴是因為運氣好，才達到今天這番成就。運氣只是其中之一，最主要的是阿里巴巴高層做出欠妥的決策後，總能及時沿著企業使命的方向回歸正軌。成為大家迷茫時的指路明燈，就是公司價值觀最重要的存在意義。

讓全體員工都熟知企業使命

賺錢是所有企業的經營目的，但並不是所有企業的總目標。因為各行各業的公司盈利模式大相徑庭，如果一切只是向錢看而不顧經營手段，就會像猴子摘玉米一樣不斷瞎折騰，什麼事業都做不起來。所以，頭腦清醒的公司會先抓準發展方向，沿著相對明確的方針路線來經營事業，以期更高效、更穩定地來賺錢。這個發展方向也可以被稱為「企業使命」。

企業使命是一家公司發展的總目標，好比位置恆定的北極星。由企業使命衍生出與時俱進的發展方針，如同圍著北極星轉的北斗星。北極星和北斗星是古代航海家辨別方向的依據。那麼，企業使命對公司管理者及全體員工的意義也正是如此。

世界五百強的大企業，哪怕是奉行業務多元化戰略的公司，都有一個簡明的企業使命。

馬雲曾經說過：「GE（通用電氣）最早是做電燈泡的，他們的使命是讓全天下亮起來，這使得GE在今天成為全球最大的多元化服務性公司。迪士尼的使命是讓全天下的人開心起來，這樣的使命使得迪士尼拍的電影都是喜劇片。阿里巴巴的使命是讓天下沒有難做的生意，我們開發的所有軟體，都要讓我們的客戶把生意做得更簡單、更容易。」

從這段話可以看出，**企業使命不同於業績指標，主要解決的是定性問題而不是定量問題。企業使命不負責解答「怎麼走」，只告訴大家「往哪兒走」**。如果把它搞得複雜煩瑣，反而會讓公司搞不清該朝哪個方向發力。

以企業使命提升凝聚力

「讓天下沒有難做的生意」這句話看似籠統卻又簡單明瞭。阿里巴巴成立之初，就是以服務中小企業為立足點。馬雲當時預估互聯網行業大有可為，但他與其他創業者的思路不同。其他人主張把大企業、大客戶當成電子商務的主要服務對象，馬雲卻認為用電子商務幫助廣大中小企業發展，才是未來的發展趨勢。

如今，阿里巴巴集團旗下擁有多家子公司，涉及了淘寶網、天貓、聚划算、全球速賣通、阿里巴巴國際交易市場、一六八八、阿里媽媽、阿里雲、螞蟻金服、菜鳥網路等多項業務，構建起一個龐大的互聯網商業生態系統。但無論組織結構與公司規模如何變化，阿里巴巴開展業務時，依然圍繞著為廣大中小企業創造更好的電子商務服務這個出發點。

電子商務的擴張速度可謂一日千里，二〇一五年的「雙十一購物狂歡節」中，淘寶商城的交易額突破九百十二億大關，而在二〇一四年的同一天，阿里平臺的總成交額也只有五百七十一億。由此可見，以中小企業為主體的電子商務發展有多快。至今，阿里巴巴「讓天下沒有難做的生意」的企業使命，依然被很好地貫徹著。

企業使命原是公司上下應當遵守的共同綱領，但並不是每個人都會認可公司的企業使命。這是很正常的現象，但這也會對公司的壯大造成阻礙。企業使命不明確、不統一的公司處於順境時，還能保持穩定發展，一旦遭遇逆境或面對新形勢，就會變得人心惶惶、不知所措，最終因意見分歧而四分五裂。對於這點，阿里巴巴高層一直保持警惕。

馬雲說：「在二〇〇〇年，我們為阿里巴巴的所有員工確立了共同的使命、共同的價值觀、共同體的目標。新員工要經過學習，才能正式加入阿里巴巴。使命、價值觀、目標是任何一家企業、任何一個機構都必須有的東西，如果沒有這三樣東西，就走不長、走不遠、長不大。可能九〇%的企業家不認同我的觀點，但我見過的所有世界五百強的企業都在講價值觀和使命。」

不重視企業使命的公司往往會缺少一股凝聚力。員工沒有共同的目標，只是被動地按照考核要求在運作。新舊交替時，優秀老員工的經驗無法有效傳承，新員工也各行其是。

為此，阿里巴巴始終要求全體員工熟記企業的使命，老員工還要發揮「傳幫帶」[1]作用，把公司的使命與價值觀傳授給新員工。

這個做法是為了保持價值觀的統一，讓各式各樣的人才向著同一個總目標來努力。毫不誇張地說，正因為**阿里巴巴的全體員工能堅持共同的企業使命，遵循共同的企業文化價值觀，才能讓阿里巴巴在迅速擴大規模的同時，保持著高度的凝聚力**，而沒有變得鬆鬆垮垮。

人力資源管理最終是為企業使命服務的，假如員工對企業使命缺乏足夠的認同感，那麼他們很難有激情地充分發揮自己的聰明才智。所以，想要做好人力資源管理，應該先從確立和熟記企業使命開始。否則，就只是在照本宣科、照貓畫虎。

---

1 編按：即手把手的指導方式。

企業文化有助突破發展瓶頸

每一個大公司都是由小公司起步的，阿里巴巴也不例外。

管理小公司與管理大公司有很大差異。小公司考慮的主要是生存問題，能存活下來就是勝利，在經濟基礎不牢固的時候，還無法構建起相對完善的企業文化體系。大公司則不然，各項制度基本上已經成熟，業務也穩定增長，就需要更高層次的精神文化，來指導規模逐漸變大的隊伍。否則人一多心就散了，大部隊擰不成一股繩，效率還不如價值觀高度一致的小分隊。所以，當企業發展到一定階段時，企業文化建設將會成為其突破瓶頸的關鍵之一。

毋庸置疑，阿里巴巴的企業文化並非一開始就成熟，而是在實踐過程中不斷總結而成。

二〇〇一年，時任阿里巴巴電子商務網站總裁兼首席營運官的關明生，有一天問馬雲：「阿里巴巴有沒有價值觀？」馬雲說有，但沒有寫下來。在關明生的建議下，阿里巴巴團隊總結出「團隊精神、教學相長、品質、簡易、激情、開放、創新、專注、服務與尊重」九條價值觀。從此以後，阿里巴巴非常重視價值觀建設。

阿里巴巴人力資源副總裁盧洋（淘寶暱稱是「鷹王」）指出：**「阿里的文化和價值觀不是設計出來的，是隨著公司的發展慢慢『長』出來的，當它擁有自己味道的時候，再把『有意思的地方』因勢利導，進而做成體系結構。**所以，有一些公司到阿里來學習的時候，看到阿里現在的文化，好像從整個體系上都在支撐著整個文化土壤的發展，當他去用這套體系硬往裡套的時候，其實往往找不到自己這家公司的DNA到底是什麼。」

盧洋認為阿里巴巴的企業文化經過了三個階段：校園文化階段——鐵軍文化階段——互聯網文化階段。三個時期的阿里巴巴文化差別很大，大家最熟悉的其實是最後一個階段。不過，有一些核心的東西無論變成什麼形式，內在都保持穩定。最有代表性的是阿里巴巴高層總結的九條精神，以及由此演化而來的六大核心理念（公司內部稱為「六脈神劍」）。

貫徹核心精神與理念

九條精神出自阿里巴巴董事長馬雲的一次內部談話。馬雲說：「我們總結了九條精神，是這九條精神讓我和他（指關明生）在一起奮鬥了四年。我們告訴所有的員工，要堅持這九條：第一條就是團隊精神，第二條是教學相長，然後是品質、簡易、激情、開放、創新、專注、服務與尊重。這九個價值觀是阿里巴巴最值錢的東西。」

光是口號的話，誰都會喊，還能喊出很多吸引眼球的花樣。但阿里巴巴的九條精神並不只是嘴上說說，而是正式寫入了公司的規則制度中。

在這九項內容中，團隊精神、教學相長、品質、簡易、激情、開放、創新、專注等，已經被細化為阿里巴巴的價值觀行為準則考核體系。「服務與尊重」精神則演變為後來的「客戶第一」精神。

隨著時間推移，阿里巴巴集團在不斷變化中總結其價值的精華，最終形成了現在的六大核心理念：客戶第一、團隊合作、擁抱變化、誠信、激情、敬業。

「客戶第一」即尊重客戶，一切圍繞客戶需求出發。「團隊合作」，會在後面篇章詳細討論。「擁抱變化」即開放精神與創新精神的結合，把積極求變視為贏得未來機遇的主要手段，以免被不斷升級更新的互聯網行業淘汰。誠信、激情、敬業是每個企業的共同要求，但阿里巴巴對此要求十分嚴苛。

以「誠信」為例，二〇一六年中秋節，在秒殺月餅的內部活動中，阿里巴巴集團安全部四位員工和阿里雲安全團隊的一位員工，通過編寫腳本代碼的方式搶到了一百三十三盒月餅。此事被發現後，時任首席風險官劉振飛與阿里雲總裁胡曉明找這五位員工談話，馬雲則親自批示勸退他們。這便是在互聯網上引起熱議的阿里月餅事件。

員工在一次不影響客戶的內部活動中搞點小聰明，就直接被勸退，這個處罰不可謂不嚴厲。有人認為阿里巴巴是小題大作，不夠人性化。但阿里巴巴高層認為，貫徹「誠信」的核心理念不能含糊。

首席人才官蔣芳在公開信中指出：「很多人問為什麼我們處理得這麼重？因為阿里是一家把權力真正下放到每個普通小二[2]手裡的公司，下放權力的基礎就是組織和員工之間的本能的信任。只有一個建立在信任基礎上的團隊才能走得長遠，打得起硬仗。」這次充滿爭議的突發事件，反映出阿里巴巴對六大核心理念的執行力度。由此可見，這家中國互聯網界名列三甲的集團，並沒有把企業文化價值觀建設當成表面文章，而是真正融入規章制度與全體員工的一言一行。

從九條精神到六大核心理念，阿里巴巴一直不斷調整自己（擁抱變化），也一直執著地堅持自我之路。如果沒有這些指導思想，阿里巴巴的人力資源管理體系，也許會和很多知名企業一樣走向僵化，患上「大企業病」。

2 編按：指阿里巴巴的員工。

直擊阿里：獨特的笑臉文化、武俠文化與倒立文化

阿里巴巴集團不同於傳統的大公司，企業文化帶有濃厚的互聯網色彩。雖然集團旗下的各子公司在業務上差別極大，但都遵循著三種別具一格的企業文化——笑臉文化、武俠文化、倒立文化。

笑臉文化即讓全體員工帶著笑容工作。為了貫徹笑臉文化，阿里巴巴甚至把自己的Logo設計成一張笑臉。這種企業文化的誕生，是為了讓公司上下更好地適應互聯網時代。

現代社會生活壓力大，瞬息萬變的互聯網行業更是如此。這個行業無論是產品研發或行銷推廣都需要創意，構思創意必定會增加員工的用腦量，使員工長期處於高度緊張的忙碌狀態。但是創意這種東西，並不是冥思苦想就能得到的，一味緊張或鬆懈都無濟於事，張弛有

度才能讓員工保持舒暢的心態，充分發揮他們的聰明才智。阿里巴巴講究以結果為導向，這是「張」，宣揚笑臉文化就是「馳」。

阿里巴巴認為，工作不快樂如同浪費生命。因為當員工因壓力過大而苦不堪言時，工作效率必定會下降。到頭來，公司業績也跟著受影響。所以，公司致力於打造外鬆內緊的環境，在確保有好結果的前提下，主動為員工減輕壓力。具體而言就是，讓業務變得更有趣味性與想像力，讓公司更像一個大家庭，盡量滿足員工實現自我價值的願望，並且讓他們在生活中也過得更愉快。

中國人大多喜歡武俠文化，但將武俠文化堂而皇之在公司推廣的企業領導者少之又少，阿里巴巴在這方面可謂特立獨行。

當初發展淘寶網站時，創始員工柴棟選擇韋小寶當自己的淘寶暱稱。其他員工見狀，也紛紛以金庸的武俠小說角色取暱稱，還把公司各處都安上了桃花島、黑木崖之類的武俠地名。於是，以淘寶為起點，武俠文化在整個阿里巴巴集團蔓延開來。

在阿里巴巴內部，核心技術研究專案組被稱作「達摩院」，集團總部的一個辦公室叫「光明頂」，還有一個「俠客島」。公司開會也被戲稱為「聚首光明頂」。阿里巴巴高層也有各自的暱稱，比如馬雲是風清揚，陸兆禧是鐵木真，邵曉峰是郭靖。淘寶開年慶活動時，阿里巴巴員工稱其為「武林大會」，公司還會打亂平時的隸屬關係，讓員工按照暱稱加入各幫派，爭奪「天下第一幫」的頭銜。

這些富有互聯網特色的做法，讓武俠文化深深烙在每一位阿里巴巴員工的心裡，促進公司內部的交流互動，也為落實笑臉文化，提供了良好的細節支援。

而倒立文化更讓人感到不可思議。淘寶檢驗新人是否合格有個特殊標準，那就是讓新員工在為期一週的培訓中學會倒立，這也是培訓考核的內容之一。假如新員工沒學會，就再培訓一個星期。從二〇〇四年開始，淘寶每年都舉辦一次倒立比賽。這個奇怪的習俗其實包括三層含義：

第一，倒立是一種簡單的鍛鍊身體方式，有助於保持健康的工作狀態。

第二，其他人幫助不會倒立的人學會倒立，是一個培養團隊合作精神的過程。

第三，倒立可以讓人們改變視角看世界，當人們有了不一樣的感受時，思路往往會被打開，產生新創意。

倒立文化表面上是個突發奇想的儀式，實則通過個性化的活動來開闊員工的視野，增強他們的毅力，激發其創新思維。通過這種形式，阿里巴巴員工在挑戰過程中克服了心理障礙，體驗到挑戰自我的成就感。如此一來，員工對公司的向心力也就更強了。

笑臉文化、武俠文化與倒立文化，是阿里巴巴企業文化中的三大重要部分，它們與公司的九條精神、六大核心價值理念互相補充，共同構成了阿里巴巴文化價值觀體系。這些無形資產對該公司人力資源管理體系的建設，起了重要的指導作用。毫不誇張地說，如果沒有這三種富有個性的公司文化，阿里巴巴的員工管理很可能與絕大部分企業一樣缺乏特色。

CHAPTER 2

戰略規劃：看清企業的人才發展定位

人力資源管理不只是管理員工名冊與薪資條，而是兼顧戰術性與戰略性，人事管理是人力資源管理的末端細節，戰略規劃才是根本。每一個公司都有自己的特殊性，發展目標各異，不能照搬其他公司的戰略規劃。公司只有確立自己的發展定位，才能根據發展目標的需要，選擇合適的人才。如果連公司需要什麼樣的人才都搞不清楚，人力資源管理工作就會變得雜亂無章。

對公司而言，人才戰略規劃是企業發展規劃的一個重要組成部分。阿里巴巴高度重視人才問題，在制訂人才戰略規劃時，始終堅持「四項基本原則」。一方面鼓勵公司內部培養的人才走出去，成為互聯網產業中的商場名將；另一方面也努力整合集團併購企業的人力資源，向他們輸入阿里巴巴的企業文化基因。

人力資源戰略規劃常識

曾鳴教授指出：「企業之道，講到最簡單，就兩個字『人』跟『事』，這是一個動態的匹配。戰略也好，管理也好，就是在找動態的平衡。剛開始阿里並不能找到很好的人，但是事情做好了之後，你會吸引更好的人，更好的人來了你能做更大的事情。這個本身就是一個螺旋上升的過程。這也是為什麼一個企業內部一定會有新舊矛盾。因為你不可能有一步的人才到位，人跟事是一個動態的平衡。」

說到底，**企業營運無非是保持人、財、事的動態平衡**。

公司接到客戶訂單後，組織各部門來設計和生產產品，再進行物流配送，完成銷售流程。每個環節都需要經費和人手，假如人手不夠，根本消化不了客戶訂單。如果要增加人手，就得招聘新員工。這意味著公司要先投入更多的人力資源成本，才能具備完成訂單任務的能力。假如組織協調不力，成本增加，工作卻遲遲沒有進展，最終可能會失去此客戶訂單，就算勉強完成任務也得不償失。

人力資源管理的重要性，由此可見。包括阿里巴巴在內的所有知名企業，以及正在爬坡階段的創業公司，都不能不做好人力資源戰略規劃。

人力資源戰略規劃聽起來空泛，但解決的往往是一些很實際的問題。比如：公司需要多少名員工？如何解決人力資源不足問題？員工應當具備哪些知識技能？怎樣激勵員工為公司目標而努力工作？擴大經營規模時，該如何調整組織結構與人力配置？收購其他公司時，該如何善用其原有的人力資源？如何考核員工績效並給予合理的薪酬待遇？公司運轉困難時是靠裁員來減輕負擔，還是靠留人來共度難關？

上述問題在企業管理所面臨的現實問題中，只是一部分而已。但是，這些問題都能通過清晰而合理的人力資源戰略規劃來解決。具體而言，人力資源戰略規劃有以下幾項功能：

（1）確保企業組織在發展過程中，能及時獲得所需的人力資源。

（2）合理安排組織結構調整、職位設置、招聘、培訓、升貶等工作。

（3）幫助公司把人工成本控制在可以承受的水準。

（4）調動全體員工及管理者的工作積極性（主要是激勵保障措施）。

（5）減少公司人才無謂流失，避免核心成員離職，對業績造成重大影響。

由此可見，再恢弘壯闊的企業使命，也需要成熟的人力資源戰略規劃的支持。如果只是緊盯產品研發技術、資金運轉、行銷推廣，忽視最基礎的人力資源管理，公司就可能在發展壯大的關鍵時刻，遭遇缺兵少將的瓶頸，眼睜睜看著競爭對手搶走絕佳良機。

曾鳴說：「不同的企業有差異化的戰略布局，但都有同樣的發展階段（嘗試期、成型期、擴張期）。不同的發展階段要有差異化的戰略打法，戰略嘗試期一定要允許野蠻生長和管理混亂；戰略成型期一定要在戰略目標達成高度共識的基礎上，制定清晰的商業模式和戰略打法，有效推動戰略目標的實現；戰略擴張期一定在有效的管控模式基礎上，培養團隊的戰略思想、團隊精神、執行力和紀律性，並加大授權。」

企業生命週期理論指出，只要公司沒倒閉，都會依次經歷初創期、生長期、成熟期、衰退期。人力資源管理的工作重心，在不同的發展階段存在差異，制訂的戰略規劃也不盡相同，但基本套路是一致的，可分為四個步驟與七個子規劃。

四個步驟為：人力資源戰略環境分析、選擇和制定戰略、執行戰略、評估和調整戰略。

人力資源戰略環境分析，包括公司外部和內部環境分析。外部環境主要包括國家政策、國民經濟狀況、社會需求變化、區域市場動態、行業技術發展狀況。內部環境主要包括公司現有的資源條件、所處的生命週期、文化價值觀、總體戰略目標、員工的綜合情況。

通過內、外部環境分析，人力資源管理部門可以根據發展需要和優缺點，制定相應的戰略，合理運用選才、用才、育才、留才四個基本手段的組合。到了執行階段，人力資源戰略規劃應該注意細化各項規章制度，保持人力資源與其他資源的合理平衡，協調好組織與個人之間的利益關係，推動公司發展戰略的進程。執行過程中肯定會遇到很多新問題，就需要人力資源管理部門根據回饋資訊，評估原有戰略規劃的效果，並做出恰當的調整。

人力資源管理有其戰略

通常來說，人力資源戰略規劃是由以下七個子規劃共同構成：

1.內部人員流動規劃

即內部成員的職位調整，升職、降職、調職、輪職等。合理的內部人員流動是保持公司人才梯隊建設良性迴圈的基礎。

2.外部人員招聘規劃

當內部人才不足以支撐發展目標時，人力資源管理部門就要從外部招聘所需的人才，為組織補充新血。尤其在公司高速發展階段，補充的外部人才品質對擴張速度有直接影響。

3.員工職業生涯規劃

人力資源管理部門必須根據公司需求，為員工制訂個人職業生涯發展規劃，以便充分開發員工潛力，使得人才的自我發展需求與職位需求相匹配。

4.員工培訓制度規劃

一家企業的人力資源管理是否完善，很大程度會體現在其員工培訓體系上。因為公司愈大，對職務的專業性要求愈高，需要通過系統化的培訓，提高員工的綜合素質，使其滿足該職務要求。

5.薪酬激勵制度規劃

大多數人工作都是為了養家糊口、維持生活，努力完成公司的任務指標也是為了換取勞動報酬。所以公司必須利用合理的薪酬激勵制度，保障員工的積極性，只有在此基礎上，他們才會燃起為企業使命而奮鬥的事業心。

6.退休離職管理規劃

老員工退休與離職也是人力資源管理的基本工作。如果這個環節處理不好，就會打擊公司全體員工的士氣，讓他們缺少安全感與歸屬感，無法安心工作。想要公司健康、穩定、持續地發展，就不能不重視這項工作。

7. 企業文化價值規劃

人力資源管理部門承擔著「向新舊員工傳播公司文化價值觀」的任務（主要是在培訓環節）。隨著公司不斷壯大，企業文化價值觀也會發生相應的改變。人力資源管理部門應當隨時總結公司的組織文化，以便在培養人才資源時，傳播準確的內容。

阿里巴巴的發展歷程充滿戲劇性，其企業文化價值觀又富有個性，由此制訂的人力資源戰略規劃也不同於其他企業。但總的來說，人力資源戰略規劃工作有一定的共性，阿里巴巴的特殊性也是建立在此基礎上，並非虛無縹緲的空中樓閣。

採用「帶出去」戰略，成為商場名將的搖籃

馬雲曾在高校教書六年，這段經歷讓他養成獨特的思維方式，樹立與眾不同的願景目標。二〇〇五年十二月，馬雲在北京大學中國經濟研究中心發表演講時表示：我叫自己「首席教育官」。在此之前，二〇〇四年九月十日，阿里巴巴宣布創辦中國互聯網第一家企業學院——阿里學院時，「首席教育官」馬雲就已經開始了自己的教育戰略布局。

阿里學院專門負責培養電子商務實戰人才，採取現場授課、線上教學、顧問諮詢一體化的立體教學模式。授課講師包括馬雲、彭蕾等阿里巴巴創始人。

阿里學院在二〇〇六年一月推出中國首張實戰性電子商務認證證書——「阿里巴巴電子商務證書」。此後，阿里學院又開通網校，向中小企業推廣「有Alibaba（阿里巴巴）特色的MBA」管理課程，與幾百所高校合作推廣「阿里e學堂」項目。二〇〇八年十月二十八日，阿里巴巴集團正式成立阿里巴巴（中國）教育科技有限公司，將阿里學院納入公司化運作。

這一系列措施揭示了阿里巴巴集團宏大的人力資源戰略規劃——把阿里巴巴變成中國互

聯網行業的「黃埔軍校」。

馬雲自豪地說：「我跟我們人力資源部的所有人講過，我們公司的資產就是人。中國現在號稱有一萬二千個電子商務專家，九千個在阿里巴巴集團。按照財務上的說法，資產是有折舊的，會愈來愈不值錢，但人應該是愈來愈值錢的。五年、八年以上的阿里人，加上電子商務的經驗，就是非常值錢的。我相信，如果你在阿里巴巴待上二十年再離開，你身上的價值會更大，你會更值錢，因為你把阿里巴巴的制度體系、價值觀體系帶出去了。」

把阿里巴巴的制度和價值觀帶出去，帶到整個業界，就是馬雲創辦阿里學院的出發點。

將眼光放得更遠，影響力就愈大

自從阿里巴巴成立以來，中國的互聯網產業進入了一個高速發展的階段。根據專家估算，中國電子商務人才的缺口超過一百萬。於是，許多高校都開設電子商務專業課程，並編寫相關教材。但是，既當過教師又是企業家的馬雲認為，這些電子商務教材往往是不實際的理論，而且與中國電子商務的實踐脫節。

作為中國最大的電子商務公司，阿里巴巴在這方面積累了豐富的實戰經驗與商業理論，具備創辦企業學院的天然優勢。於是，馬雲等人決定創辦阿里學院，填補這塊空白。

馬雲說：「阿里巴巴是創業者，培養的是中國的土老闆，我要完成自己作為老師的心願。我將阿里巴巴定位為活一百零二年的企業，就是持續成長、發展一百零二年。為什麼是一百零二年？阿里巴巴是一九九九年誕生的，到下個世紀初，剛好是一百零二年，橫跨了三個世紀，目標很明確。我認為大學是可以走一百多年的，企業的文化也可以走一百多年，企業文化是企業發展的DNA，投資也可以做一百多年。既然確定了我們要走一百零二年，就要有思考和建設，因此我們成立了阿里學院，目的是幫助中小企業和創業者。今天，我們還在規劃做更多的事情。」

從創業開始，阿里巴巴的電子商務服務體系，一直是針對中小企業和創業者建設的。扶持中國的中小企業與創業者的發展是阿里巴巴的經營宗旨，也是其三大願景目標之一。

阿里學院同樣服務於此戰略規劃。在阿里巴巴打造的電子商務生態圈中，淘寶、天貓、全球速賣通等是為中小企業和創業者提供交易平臺，螞蟻金融服務集團提供資金服務，阿里學院則提供電子商務人才培訓服務。通過這種方式，阿里巴巴不僅構建了一個全方位的互聯網商業生態圈，還把自己的企業文化價值觀與人才培養戰略，向中國乃至全世界推廣。

不難察覺，成為「商場名將的搖籃」是阿里巴巴人力資源戰略規劃的一個重大目標。

馬雲曾經對全體員工說：「企業也許不能走一百零二年，但企業的價值觀、文化、使命可以走一百零二年，你們願意也好，不願意也好，我都要把我腦子裡的東西貫徹到你們身上，讓它們生根發芽。所以，我們要投資阿里學院，真正把阿里學院建起來。」

由此可見，**阿里巴巴的人力資源管理並不局限於解決公司內部的人才缺口，還試圖滿足中國互聯網業界電子商務人才的需求**。這種內外兼修的人力資源戰略規劃，將使得中國的電子商務領域帶有更多阿里巴巴色彩。隨著「帶出去」戰略的持續實施，阿里巴巴將進一步強化自己在電子商務領域的標杆地位。

用人才培養計畫促進企業目標願景的實現，阿里巴巴將人力資源戰略規劃的影響力發揮到了極致。

成功整合被收購企業的人力資源

阿里巴巴集團成立至今，已經收購或投資許多不同類型的企業。比如，搜尋引擎領域的企業有雅虎中國、搜狗，本地生活領域的企業有口碑網、美團、快的打車、高德地圖，電子商務服務領域的企業有中國萬網、寶尊電商、深圳一達通，社交與移動互聯網領域的企業有微博、陌陌、UC瀏覽器，文化領域的企業有蝦米網、優酷土豆、華數傳媒，金融領域的企業有恆生電子、天弘基金，物流領域的企業有百世物流、星晨急便、日日順物流、新加坡郵政，等等。

這些被收購企業的發展狀況有好有壞，但不管怎樣，阿里巴巴集團都得想辦法整合它們的資源，其中最關鍵的就是整合人力資源。

不同公司有不同的文化價值觀與工作傳統，整合過程中會發生許多摩擦。被收購企業的老員工，對新公司的管理風格必然需要適應過程，卻無法一蹴而就。有人適應得快，迅速融入，有人抱怨不已，消極怠工。被收購企業的員工由於換了管理層而感到不安，假如人力資源管理部門不能妥善安撫，很容易造成公司嫡系員工與這些新員工之間的激烈衝突。

因此，**任何大公司都不能輕視整合被收購企業人力資源的問題。假如整合不當，會大量流失原企業核心員工，被收購企業也成了名存實亡的空殼，使得收購戰略意圖完全落空。**

阿里巴巴是一個國際化的公司，擁有來自多個國家和地區的員工，馬雲曾戲稱阿里巴巴是「聯合國」。阿里巴巴收購了各種各樣的企業後，得到成批的人才資源；同時，這些公司的企業文化往往高度成熟，與阿里巴巴也不太一樣。如果想要整合好這些資源，一方面要設法贏得這些背景各異的新員工的支持，另一方面，又不能讓這些公司的文化稀釋自己原本的核心價值觀。

在這個問題上，阿里巴巴高層一直非常用心，也有一套成熟的經驗。

以整合雅虎中國的人才資源為例，阿里巴巴董事會在收購前一個月就成立了整合小組，以低調姿態進入雅虎中國內部協調整合工作。小組的主要工作內容有兩點：一是進行人才盤點，二是宣傳阿里巴巴的情況（特別是文化價值觀）。

對於那些無法認同的雅虎員工，無論是否有留下的願望，或者能力多強，阿里巴巴都會請對方離開。先篩選掉不能達成共識的人，有利於其他雅虎員工適應新的工作環境。

接下來，阿里巴巴花了很多人力和物力，與選擇留下的雅虎員工進一步交流。公司高層邀請六百多位雅虎員工親自到阿里巴巴總部觀摩，只交流感情，絕口不提業務。

通過這一系列的舉措，雅虎中國的人力資源轉型完成，融入了阿里巴巴帝國。

阿里巴巴整合員工的祕訣

從某種意義上說，整合被收購企業的人力資源，也是幫助這些公司的老員工接受並認同新的企業文化。阿里巴巴在整合不同公司的員工時，採用的具體方法靈活多變，但都遵循以下幾個關鍵點：

1.為新員工設立共同的目標

這裡的目標主要指工作目標。通過為這一群來自不同公司的員工設定清晰的短期、中期、長期目標，實現整批轉化為阿里巴巴戰鬥力的目的。被收購企業的老員工群體最怕自己的重要性下降，不被新公司重視。根據公司發展戰略來委以重任，是穩定軍心的主要手段。

2.打造被收購公司與阿里巴巴之間開放的溝通機制

由於原公司的企業文化與阿里巴巴文化差異巨大，新舊員工在合作過程中免不了會產生矛盾。新員工群體需要尋求情感上的理解，解決自己對公司文化不適應的困惑。因此，公司打造一個開放的溝通機制，讓他們暢所欲言，同時也便於阿里巴巴老員工全面幫助他們適應新環境。唯有如此，新舊員工才能磨合出隊友的默契。

3.推廣阿里巴巴的企業使命與價值觀

阿里巴巴一向重視企業文化教育，對被收購企業的新員工也不例外。假如新員工群體依然保持原先的價值觀與工作習慣，是無法真正融入阿里巴巴大家庭的。如此一來，這筆人才資源非但不能發揮積極作用，反而成了集團的包袱。所以，阿里巴巴用企業使命與價值觀將其改造成真正的「阿里人」，才是長遠之計。

直擊阿里：人力資源管理的核心指標

在阿里巴巴的戰略規劃中，最核心的部分是四項基本原則與三大願景目標。無論集團的發展策略如何靈活變換，這些東西都是恆定的。阿里巴巴的人才戰略規劃也是由四項基本原則延伸，並為三大願景目標服務。瞭解這些內容，才能進一步瞭解阿里巴巴。

◎四項基本原則

1. 擁抱變化

互聯網行業的發展速度愈來愈快，近五年內更是出現滄桑巨變，微博與微信等新媒體出現，顛覆了原有的互聯網格局。誰也無法預料明天的互聯網生態會變成什麼樣。如果沒有積極擁抱變化的革新精神，很可能就被新一輪的互聯網浪潮淘汰。

因此，阿里巴巴要求公司上下都要具備前瞻意識，勇於創新，不能自以為功成名就，躺在功勞簿上睡懶覺。即使變革會增加挫敗的風險，阿里巴巴也不願坐以待斃，落後於時勢。

阿里巴巴在二〇〇八年國際金融海嘯到來之前，就預料到「經濟冬天」即將降臨，並提早準備，使得公司比較順利地度過了困難期。這個經驗也進一步強化阿里巴巴「擁抱變化」的原則，經常根據市場環境改變業務內容、組織結構、人才配置。假如員工不具備擁抱變化的前瞻意識，就會被淘汰出局。

2.永遠不把賺錢當首要目標

在許多人眼中，阿里巴巴是賺了大錢的公司，但馬雲在集團內部談話時，多次強調「永遠不把賺錢作為第一目標」。對於阿里巴巴來說，賺錢只是結果，而不是目標。賺錢的途徑有很多，如果以賺錢為首要目標，公司就不會拘泥於某種業務與某個行業，哪裡有錢就往哪去。但這只能實現短期利益最大化，並不適合長遠發展。隨著業務增加，管理會變得更加複雜。東一榔頭西一棒子的做法會讓公司營運變得十分混亂。

馬雲曾經在一次演講中談道：「阿里巴巴有一點不會改變，永遠為商人服務，為企業服務。我們不是因為投資者而建網站，我們也不會因為媒體的批評而建網站，我們更不會因為網路評論家們說現在流行ASP（應用服務提供者）而改變我們的方向，我們只做B2B。對於機會，我絕大部分時候都說『No』。CEO的主要任務不是尋找機會而是對機會說『No』。機會太多，只能抓一個。」

阿里巴巴的企業使命是「讓天下沒有難做的生意」，立足於為廣大中小企業提供優質電子商務的服務平臺，故而能忽略很多機會的誘惑，堅持只做B2B。任何立足長遠的事業，尤其是構建產業生態圈這樣宏偉的目標，必須為了長期利益而犧牲一些短期利益，在前期可能會做一些看起來不賺錢，但必不可缺的鋪墊工作。

這項基本原則要求企業要有社會責任感，牢記自己的企業使命，不要變得利令智昏。

3.永遠不追求暴利

相對許多夕陽行業來說，作為朝陽產業的互聯網行業，利潤很高，但阿里巴巴高層並不主張一味追求暴利。比如，互聯網行業中非常受歡迎且利潤巨大的網路遊戲產業，阿里巴巴集團一度表示排斥。直到二〇一六年八月，馬雲才決定聯合巨人集團董事局主席史玉柱等人，以巨資收購國外開發休閒社交手機遊戲的Playtika公司，進軍手機遊戲產業，收回了以前的話。

即便如此，擁抱變化的阿里巴巴還是堅持著「永遠不追求暴利」的基本原則，更多是採取聚沙成塔的方式來增加利潤，而不是一口吞下一塊大蛋糕。哪怕是進軍遊戲產業，阿里巴巴也打算改變現在平臺營運方拿走九〇%收入的暴利格局，創造對遊戲開發者更公平合理的分成模式。

這與阿里巴巴的市場定位有很大關係。阿里巴巴致力於服務廣大中小企業，同時還在以電子商務衝擊傳統管道暴利的方式，讓消費者在互聯網時代能購買到更多物美價廉的產品。假如為了謀求暴利而製造壟斷，就與阿里巴巴的企業使命背道而馳。

4.客戶第一，員工第二，股東第三

不少企業號稱把客戶與員工放在第一位，實際上卻把股東放在第一位。阿里巴巴的排序截然不同，重要性排序是客戶、員工、股東。這項頗有阿里巴巴特色的基本原則，並沒有挫傷員工的士氣，反而讓公司上下受到鼓舞。因為馬雲說：「在二十一世紀，如果你想成功，那你就要記住：客戶第一，員工第二，股東第三。客戶第一，就是指做生意要講誠信，一切的努力都是為了客戶。員工第二和股東第三，最近爭議很多。我前幾天在香港的股東大會上講這句話時，有人說，馬雲，早知道你把股東排在第三位，我就不會買你的股票了。我說，還來得及，你現在可以賣掉股票。是誰給我們錢？是客戶。是誰創造了價值？是員工。改變我們、影響我們、幫助我們成長的，是我們的員工。」

阿里巴巴是一家以服務為本的公司，客戶第一體現了服務為本的原則，員工優先於股東則體現公司對價值創造者的重視，所以員工不會覺得排第二位是被貶低。

◎三大願景目標

1. 打造一百零二年的企業

願景目標與企業使命有相同之處，但也存在區別。**願景目標是一個公司存在的目的和理由，讓全體員工能清晰地意識到自己是為了什麼而努力**，明白公司希望在未來變成什麼樣子。缺乏願景目標的公司，上上下下都是按部就班地混日子，工作沒有激情和理想，一旦遇到逆境就會樹倒猢猻散。所以，阿里巴巴把打造一百零二年的長壽企業，作為第一個願景目標。

在創業之初，馬雲立志要讓阿里巴巴存活八十年，隨著公司規模不斷擴大，他把這個願景目標增加到一百零二年，剛好橫跨三個世紀的時間。這意味著阿里巴巴要在馬雲和其他十七位創始人退出歷史舞臺後，繼續健康穩定地發展。為此，阿里巴巴必然要立足長遠發展來做業務，而不為短期暴利所動。

2.成為全球最大的電商服務供應商

馬雲等人當初成立阿里巴巴，就是為了替中小企業提供電子商務服務平臺，並希望「只要是商人，一定要用阿里巴巴」，到今天這個初衷一直沒變。剛開始，馬雲的願景目標是讓阿里巴巴成為全球十大網站之一，如今公司兵強馬壯，目標又升級為爭當全球最大的電子商務服務供應商。

為了加以實現，阿里巴巴一直在打造自己的互聯網商業生態圈，培養廣大中小企業的電商貿易習慣。所有舉措都是為了提升集團的服務能力，擴大在電子商務服務領域的優勢。為此，阿里巴巴不斷重新拆分組合新的事業群，並招募大量相關人才，充實各條戰線。

3.當全球最佳雇主

馬雲說：「阿里巴巴要以人為本，人才是我們的本錢，我希望阿里巴巴的領導者永遠用欣賞的眼光來看我們的員工。我們每年都要檢視自己離世界最佳雇主還有多遠，我們希望我們的員工變得富裕、變得開心。其實，很多公司比我們有錢，但員工並不用心。我們要做到的是，讓我們的員工一輩子有成就感。」

阿里巴巴在二〇〇四年、二〇〇五年、二〇一四年，先後被評選為「CCTV中國年度最佳雇主」、「中國大學生最佳雇主」、「二〇一四年中國大學生最佳雇主TOP五十的冠軍」。

這些榮譽直接體現了阿里巴巴以全球最佳雇主為努力方向的願景目標。

最佳雇主的考察標準是多方面的，包括公司員工的數量與素質、員工培訓水準、公司目標與員工個人目標是否相匹配、員工收入在同行業中的水準等。阿里巴巴在這些方面都表現優異，讓員工們擁有較多的成長感、成就感和歸屬感。這使全體員工保持著高昂的士氣不斷奮鬥。

總之，阿里巴巴集團通過四項基本原則和三大願景目標，為人力資源管理戰略規劃設定了底線、指明了方向，使得其變得更加正規化與特色化。如果沒有成熟的人力資源管理戰略規劃為基礎，阿里巴巴根本無法保證擁有足夠的人才梯隊，適應持續高速的發展趨勢。

CHAPTER 3

人才招募：最好的人才不如最合適的人才

得才者興，失才者亡，國家社會是如此，企業也不例外。有些公司本來發展趨勢不錯，卻因為在重要職務上，招聘了名不副實的人而錯失好局。有些公司起初表現平平，但自從招募到某位不世出的天才後，事業變得一帆風順。招兵買馬是企業壯大的必經之路，在不少著名企業的發展史中，都能找到若干個起關鍵作用的頂尖人才。但拔尖的人才可遇不可求，需要精心且耐心地尋找。

一味盯著人才市場中學歷高、經驗老、履歷豐富的人，未必是妥當的做法。因為，每家公司都有不同的招聘標準，實際需要的人才類型也不一樣。按照通行標準選拔的優秀人才，不一定真正適合該企業，也可能出現「水土不服」的情況。所以，阿里巴巴的招聘觀念是立足於選拔最能滿足公司需要的人才。

最優秀的人才不見得最適合公司

一家公司想要壯大，離不開招兵買馬。很多企業都想從人力資源市場中找到最優秀的人才，以便形成人才優勢。由於優秀人才往往鳳毛麟角，各大知名企業總是會提出優厚的條件努力爭取。可是，就像最優秀的足球教練也無法保證，自己能帶領豪門俱樂部贏得刷新紀錄的好成績，那些理論上最優秀的人才，也未必能為企業帶來可喜的變化，甚至可能帶來雙輸的結果。

像這樣的彎路，阿里巴巴就曾經走過。馬雲感慨道：「阿里巴巴在發展過程中犯過許多錯。比如在創業早期，阿里巴巴請過很多『高手』，一些來自五百強大企業的管理人員也曾加盟阿里巴巴，結果卻是『水土不服』。那些職業經理人的管理水準確實很高，就如同飛機引擎一樣，但是如此高性能的引擎就適合拖拉機嗎？業界高手們講得頭頭是道，感覺真是很有道理，結果卻是講起來全對，幹起來全錯！當時太幼稚，公司的發展水準還容不下這樣的人。」

按照常理推斷，來自世界五百強的高層管理人員在原公司有著赫赫戰功，具備先進的管理理念，能有效促進公司管理的現代化與規範化，但事實上沒那麼簡單。

那些人已經習慣以大公司的資源、管道和人力讓專案運作。當時的阿里巴巴還是發展中的中小企業，沒有富餘的資源與人手去處理大專案，組織結構與人員調配必須保持較高的靈活性，員工規模不大，還不需要太規範化的制度。為此，這些外來的高級管理者只能改變之前在世界五百強中行之有效的管理辦法，以更粗簡靈活的方式解決問題。這是一個重新學習與重新適應的過程，公司必然會為此付出相應的成本與代價。

由此可見，任何人才都需要與企業環境相互適應後，才能發揮其最佳效果，人才與企業不合適的組合可能導致互相耽誤的惡果。這就好比一輛車配上超出規格的先進引擎，最終車子跑不遠，引擎也因無法磨合而損壞。不考慮這個因素就盲目引進高端人才，只會造成反效果，白白浪費資源。吸取這些教訓後，阿里巴巴痛定思痛，不再一味追求「最優秀的人才」，而是立足於尋找「最合適的人才」。

判斷誰是最合適的人才

什麼樣的人才是「最合適的人才」呢？可以通過三個方面來考察：

1.這個人有沒有勝任職務的能力或潛質

現代企業的分工愈來愈專業化、精細化、體系化。應聘者具備職務所需的基本專業知識與工作能力，是最起碼的要求。當然並不是每個職位都一定能招到技能熟練、經驗老到的資深人才，這時就需要觀察應聘者是否具備能勝任職務的潛質。比如，對那些相關工作經驗較少但學習能力強的應聘者，應當放寬某些方面的要求，以便為公司贏得未來的生力軍。

2.這個人是否認同公司的企業文化價值觀

不認同企業文化價值觀的員工也許工作很賣力，但只是抱著「做一天和尚撞一天鐘」的想法做事，並不會貫徹公司的使命。當公司遇到發展瓶頸或處於鋪墊階段時，他們往往不願意同甘共苦，而是選擇離開。每個公司總有幾個爬坡階段，因此需要忠誠的員工齊心協力突破難關。只有認同公司文化價值觀的人，才能不受短期利益的誘惑，堅持為公司奮鬥。

3.這個人的發展目標與公司的發展目標是否方向一致

每個人的職業生涯規劃千差萬別，有的與公司發展目標方向一致，有的則不是如此。前者與公司的成長步調相同，有更多的共同利益來鞏固合作關係，就是「最適合的人才」；後者在公司待了一定的時間後，就會為個人目標而另找出路。

總之，**「最合適的人才」可能是業內公認「最優秀的人才」，也可能不是。但無論如何，他們都與公司的發展需求相匹配，能夠很好地融入公司的價值文化體系中，並願意與公司共同成長**。這就如同一輛車配上了性能最匹配的引擎，能把綜合性能發揮到極致。

阿里巴巴上市後，公司的海外業務猛增，人力資源管理工作遇到了很多新情況。媒體在採訪當時的阿里巴巴首席人才官彭蕾時，提出這樣一個問題：阿里巴巴是否會為了實現國際化戰略而往全球層面尋找一些高級人才？

彭蕾回答道：「其實國際化有很多實現路徑，也未見得到美國去就是國際化，特別是我們的業務，也許東南亞更適合，也許非洲、南美都合適。我們有一個做出口的平臺叫AliExpress（全球速賣通），現在已經是俄羅斯最大的電商網站。人才方面也不會特意為之，我們在這個階段需要什麼樣的人才，或者需要什麼樣的資源，我們就會自然而然、水到渠成地做一些事。」

在不同階段選擇真正適合公司發展需要的人才，而不是刻意選擇大家眼中的「高級人才」，這就是阿里巴巴的招聘標準。

不從對家挖牆腳

這個世界很大，卻也很小。A公司和B公司是同行競爭者，又恰恰在同一棟大樓。有一天，A公司的某位骨幹員工被人才市場獵頭挖牆腳，去了B公司。正當他想著與前同事低頭不見抬頭見的尷尬時，卻發現A公司新招的人才是B公司的得力幹將……

現實中挖牆腳故事充滿戲劇性。誰都知道人才是最重要的人力資源，萬金投資易得而獨當一面的大將難求。所以，人才爭奪戰也是非常激烈。用優厚的條件從競爭對手那裡挖走頂尖人才，更是不少企業屢試不爽的法寶。為什麼許多企業喜歡挖牆腳呢？

首先，此舉可以確保企業獲得業內頂尖的人才。外部招聘最讓人頭痛的問題，就是無法確保招到優秀人才。哪怕在簡歷上看起來光芒四射的應聘者，也不排除是虛有其表的銀樣鑞槍頭。但被挖牆腳的對象無一例外都是已在業內證明過自己實力，並且被企業深入瞭解過的人才，聘用他們無須擔心不能勝任的問題。

其次，競爭對手的實力將被直接削弱。

挖牆腳戰術的應用對象，往往是競爭對手那兒重要職位上的人物。一旦將其挖到自己公司，競爭對手如同被斬斷左膀右臂，實力會大幅下滑。這將成為公司一舉把競爭對手遠遠甩在身後的契機。

最後，公司可以借此機會瞭解競爭對手的內部情況，找到更有力的競爭對策。

被挖牆腳的人才往往掌握原公司的大量業務與客戶資源，甚至核心技術等商業機密。公司可以根據他們帶來的情報，弄清競爭對手的內部情況與行銷手段，從而針對其弱點進行猛烈打擊，將其排擠出目標市場。

縱然如此，阿里巴巴依然恪守不從對家挖牆腳的信條。二〇〇六年，馬雲在深圳以「文化是企業的DNA」為主題公開演講，其中一段內容是這樣：

「從競爭對手那邊挖來的人，如果讓他說原來公司的機密，就對自己的舊主『不忠』；如果不說，他就對現在的新公司『不孝』；即使不讓他說原來公司的機密，他在工作中也會無意識地用到，這樣他就『不義』了！

至於主動跳槽過來的人，如果不是劇烈競爭對手的人，可以考慮一下；如果是劇烈競爭對手的人，我們絕對不會接受。

我們不但絕對不允許自己公司挖競爭對手的人，也不允許我們的獵頭挖，同時也強烈地鄙視、排斥和譴責競爭對手挖我們的人。」

這段話表明了阿里巴巴高層對從競爭對手那裡挖牆腳的態度。馬雲之所以如此排斥，是因為阿里巴巴曾在發展階段，出現嚴重的人才缺口。

阿里巴巴還沒興起時，招聘員工的標準放得比較寬。馬雲曾經戲稱：「街上會走路的，只要不是太瘸的人，我們都招過來了。」到了二〇〇一、二〇〇二年的時候，一些「自認為很聰明、有好想法、能力很強」的人，覺得阿里巴巴的電子商務發展計畫不可靠，只做了一、兩個月就離開公司，跳槽到競爭對手那裡。在公司最困難的時候投靠競爭對手，雖然是市場經濟中的正常現象，但畢竟有落井下石、牆倒眾人推之嫌。

後來阿里巴巴度過難關，實現了飛躍發展。馬雲對當時留下來共患難的員工十分感激，也因此對被挖牆腳一事十分排斥。

為了避免重蹈覆轍，阿里巴巴採取兩個防範措施：一是努力打造別人挖不走的明星團隊，減少對個人英雄的依賴；二是杜絕從對家挖角的行為，以免招來投機心態較重的員工。

儘管這種做法意味著自動放棄挖牆腳戰術帶來的好處，但從長遠來看，阿里巴巴的思路非常可取。如此一來，**公司防備競爭對手挖牆腳的能力大大提升，也保證自身人才隊伍對企業使命的忠誠度，正面激勵那些從不見異思遷的實幹家**。雖然阿里巴巴每年的員工流動很頻繁，但關鍵職位上人心十分穩定，為公司穩定而快速的發展創造了有利條件。

在公司內部尋找超越自己的人

按照人才來源的管道，招聘可以分為外部招聘和內部招聘兩種基本形式。我們通常說的招聘主要是外部招聘，即從公司之外招聘符合職務需求的人才。內部招聘則是從公司現有的員工中選拔適合的人才，尤其是從基層一線員工裡提拔管理幹部。

外部招聘最大的優點是選才範圍廣，運氣好的話，可以挑到許多能為公司注入新血的各類能人奇士。內部員工因為長期在該公司工作，容易出現思想僵化的現象，並且傾向按照同樣的思維方式去看問題，一旦遇到市場新變化時，可能會集體抓瞎。外部招聘是解決這個弊端的最佳良方，但也存在外來人才與公司缺乏相容性的風險，那些看起來優秀的社會招聘人才，可能並不符合公司發展的需要。

阿里巴巴也曾吃過類似的虧。公司在創業早期，高薪招聘過不少國際著名企業的高級管理人才，後來卻發現其中很多人並不能很好地融入公司，於是調整思路，重要職位以內部招聘居多，然後再根據需要補充外來的優秀人才。到目前為止，阿里巴巴集團各子公司管理層還是以內部提拔居多，最初創業的「十八羅漢」依然是核心班底。

內招人才都是對本公司業務及文化價值觀知根知底的員工，省略了外招人才必經的環境適應過程。而且，他們對公司的感情更深厚，對公司未來的發展方向往往比外招人才看得更清楚。假如單位高層量才而重用，內招人才通常會爆發出比外招人才更強烈的工作激情。

兩種招聘方式是互補的關係，都不能不重視。但相對而言，人們更傾向從外部招聘「空降兵」，而不太相信內部招聘能解決人才缺口問題。「外來的和尚好念經」這句俗語，就是這種社會普遍心態的生動寫照。

造成此現象的主要原因，是公司各級領導總會下意識地認為下屬不如自己高明，有些人甚至抱著「武大郎開店，不許員工比自己高」的狹隘心態打壓下屬。

對此，馬雲嚴肅地指出：「如果沒有人能取代你，那你永遠不會升職，只有有人取代你，你才能成為上一級的領導。如果你出去六個月，找不到能替代你的人，就說明你不會招人，不會用人。**領導要把別人身上最好的東西發掘出來，如果你能把別人身上連自己都看不到的優點發掘出來，那才是你的厲害之處**。如果有一隻老虎在後面追你，你的奔跑速度一定會快到連自己都無法想像。每個人都有潛力，關鍵是領導要能發掘這個潛力。」

領導者在部門或團隊中的作用不僅是發號施令，更重要的是能激發下屬積極性，發掘他們的潛力。

假如一個部門或團隊只是靠領導者個人能力支撐，一旦他離開這個職位，工作就會變得一團糟。**最好的做法就是領導者只抓大局、想戰略、用好人、掌握平衡，讓下屬們充分發揮獨當一面的才幹，把自己從瑣碎的具體事務中解放出來**。要做到這點，領導者就必須學會挖掘下屬的潛力，敢於任用某些能力比自己更強的人才。

那種擔心優秀下屬取代自己位置的小心眼領導者，在阿里巴巴非常不受歡迎，也會失去晉升機會。

阿里巴巴的發展速度一直很快，人才缺口很大，能力突出的管理幹部將得到許多升職機會。平時喜歡打壓能幹員工的領導者，把自己的部門或團隊變成了沒有自己就不能運轉的庸人集中地，他們升職以後，就無法再以個人能力維持部門或團隊原先的業績水準，導致其表現一落千丈。這樣一來，公司高層為了保持該部門或團隊不散架，只能繼續將這種領導者留在原職位上，不把他納入重要職位的候選人。

所以，阿里巴巴一直推崇「在公司內部尋找超越自己的人」的觀念，希望每一位領導者都能成為善於發現人才的伯樂、開發員工潛力的導師。這不光是人力資源管理部門的任務，其他各級管理職位都要貫徹這個主張。

通過這種方式，阿里巴巴基層員工能夠獲得比其他企業員工更多的晉升機會。這種鼓勵人人爭當伯樂的做法，大大加強了阿里巴巴人才資源的凝聚力與戰鬥力。

招聘工作的四個重要環節

一般來說，招聘工作主要分為制訂招聘計畫、篩選應聘人員、試用期觀察、轉正考核四個環節。人力資源管理者在每個階段的工作重點不同，只有把四個環節都做好，才能為公司找出符合職位需求的優秀人才。接下來，我們按照順序來談談每個環節的工作要點。

1. 制訂招聘計畫

缺乏計畫的招聘活動必然是虎頭蛇尾，因為這是招聘工作的起點。想要制訂合理的計畫，先要分析公司的戰略目標、組織架構及可利用的招聘管道。

公司的人才需求最終是為戰略目標而服務，企業採取什麼樣的發展戰略就需要什麼樣人才。比如：以獲得業內技術領先優勢為戰略目標的互聯網企業，要招的是技術研發人才；以發展電子商務為立足之本的互聯網企業，要招的是電商交易人才。這些需求最終會反映到某個具體職位的人才缺口上。假如人力資源部門沒徹底領會公司的組織架構，就無法合理定位所需人才的數量與類型。

常見的招聘管道有獵頭公司、招聘網站、人才市場與院校雙選會等。不同層次的人才，需要從不同的招聘管道中獲得。高層人才的情報主要來源於獵頭公司，中層人才的資訊在招聘網站上可以查閱到很多，而基層人才主要通過人才市場與院校來招聘。

招聘工作需要多個部門的協調配合，以便人力資源部門充分瞭解各職位的人才缺口狀況，然後給出合理的預算。

招聘計畫通常包括的內容有：

（1）招聘需求清單，包含所招職位的職務名稱、人數、應聘資格等資訊。
（2）招聘廣告發布的管道與時間。
（3）招聘小組成員的姓名、職務、分工內容。
（4）考察應聘人員的辦法、地點、時間及考試內容設計者姓名。
（5）招聘活動的截止日期與新員工到職的時間。
（6）資料費、廣告費等各種開支預算。
（7）用於協調各部門配合工作的詳細招聘工作時間表。
（8）招聘廣告海報的樣稿。

最後，招聘計畫主要由人力資源管理部門負責制訂。

2. 篩選應聘人員

這項工作由人力資源管理部門牽頭組建的招聘小組共同完成。

第一步是對應聘者的個人簡歷或申請表進行初步篩選，重點審查其個人資訊、受教育經歷、工作經歷、有何成績等資訊，篩選掉不符合職位要求的人。

第二步是向通過篩選的應聘者發出面試通知，告知其面試時間、地點、大致內容及其他要求。

第三步是正式面試。有的公司採取筆試與面談互相結合的方法，綜合考察應聘者的各項能力，有的公司只採用單一面試來選拔。筆試與面試的內容可以根據不同職位的需要靈活設置。此外，面試可以分為初試和複試，也可一局定輸贏。

通過面試的應聘者即可錄用為公司員工，進入試用期考察階段。

3. 試用期觀察

在招聘工作中，試用期觀察是一個很重要的環節。經過層層篩選被錄取的新員工，將正式接觸到公司相關職位的事務。這時候，可能會有不少人覺得公司跟自己想像中差別較大，從而萌生退意。新員工在試用期尚未結束就提出離職的情況也十分常見，但如果只是因為習以為常就不管不顧，可能造成新員工集體流失。這樣一來，此前所做的一切招聘工作就成了竹籃打水一場空，而且可能給老員工帶來不同程度的心理壓力。

為了避免這種狀況，**人力資源管理部門應該高度關注處於試用期的新員工，及時發現他們的矛盾心態與負面情緒，以便針對性地進行疏導**。即便無法百分之百地留住所有的新員工，也能減少某些有潛力的人才因思想動搖而提前退出。

4.轉正考核

這是招聘工作的最終環節，公司能否如願獲得所需的人才，成敗在此一舉。不同企業採取的轉正考核方式存在差異，但比較規範的做法是設立明確的轉正考核制度，並由人力資源部門及新員工所在部門共同組成轉正考核小組，從多方面對新員工的表現評分。

新員工的轉正考核主要看工作能力、工作態度、工作成果三個方面。

工作能力包括適應職位的情況、工作效率、學習進度、任務完成品質、與同事之間的人際關係等。不同類型的職位還應該按照不同的專業技術，要求設置其他的細化考核指標。

工作態度主要看工作積極性、責任心、組織紀律性、協作能力、團隊集體意識等方面。工作態度的好壞，很大程度上決定了該員工今後的發展潛力。

工作成果的考核，主要是看新員工在試用期中做出的成績。需要指出的是，有些職位的任務週期長、工作見效慢，一時不容易看出成果。這時候，就需要轉正考核部門遵循具體問題具體分析的原則，設置符合客觀實際的考核標準，以免對新員工要求過高。

通過以上轉正考核後，外部招聘的人才就從實習員工轉為正式員工，企業的招聘工作也就告一段落。每一個環節都注定會淘汰一批應聘者，但人力資源管理部門應該合理控制淘汰率，根據上次招聘的情況總結經驗教訓，以免標準過低導致新員工濫竽充數，或者標準過高導致招聘活動顆粒無收的情況發生。

人資管理者的基本素養

人力資源經理（Human Resource Manager，簡稱ＨＲＭ）是人力資源管理部門的負責人，負責企業的人力資源管理工作。在阿里巴巴集團是由首席人才官（ＣＨＯ）擔任。

有不少公司對人力資源管理缺乏足夠的重視，認為人資管理者只不過是按照老闆的指示，招聘幾個新人、管理員工檔案、制定薪資等級，沒什麼技術含量。這種認識誤區使得那些公司始終處於較低的發展水準。

重視人力資源管理工作是阿里巴巴成功的一個重要因素。公司高層並不只是把人力資源管理局限於簡單的人事工作，而是將其納入了發展戰略的高度。

阿里巴巴「十八羅漢」之一的資深人力資源管理專家彭蕾說：「在集團ＨＲ（人力資源）當中，最重要的就是這批總裁的格局和能力怎樣才能進一步發展，他們下面的接班人怎麼培養，這個是我這次回去以後要做的。給他們任務，也給他們方法，但是如果說不合適，也必須要跟他們講。在集團，ＨＲ其實是很重要的，它提供資料，在阿里的業務體系當中無處不在。所有的重大專案，所有的業務ＨＲ都會跟著走，其實並不是說在某一個特別的時候才會出現。」由此可見，阿里巴巴的人力資源經理並不像其他公司的人事專員那樣，只負責打理基本的人事工作，還要主動跟蹤公司龐大的業務體系，以便確定阿里巴巴對各事業群總裁及其接班人的培訓要求。

其實，最早提出「人力資源管理」概念的戴夫．尤瑞奇教授就指出：**人力資源管理部門應當扮演好戰略夥伴、行政事務管理專家、員工的後盾、變革推動者四種角色**。制定戰略是公司決策層的責任，但人資管理者（如首席人才官）應該認真推動和引導一些討論，與其他部門管理者共同研究公司的組織結構和戰略規劃。

人資管理者往往被大家當成「管行政的」。因為他們平時主要的工作，是確保公司各項日常工作順利運轉，避免人才缺口影響公司營運。在這個過程中，人資管理者應該找出更加多、快、好、省的流程，改進各部門員工的工作方法，以便減少成本和提升效能。

處理員工與公司的關係，是人資管理者的重要使命。員工在工作中會感到困惑、厭倦、不公平，各種負面情緒積壓下來，將使他們失去工作的熱情。因此，人資管理者應當成為員工的後盾，在高層會議上替員工發聲，成為公司與員工溝通的橋樑。唯有如此，才能保持公司上下的士氣。

人資管理者長期跟蹤各部門業務，對公司整體營運狀況有相對全面的瞭解。他們可以成為公司變革的推動者，通過傳播新的價值觀來打消人們對變革的疑慮。

阿里巴巴對人資管理者的要求

阿里巴巴的人資管理者貫徹了戴夫．尤瑞奇教授的理念，並在此基礎上，對下一代的管理者素養方面提出以下四項扼要的基本要求。

1. 聰明

聰明指的是專業知識功底扎實，善於接受周圍的資訊，對形勢變化反應快，具備很強的鑽研精神和學習能力。此外，聰明不僅體現在做事的智商上，還包括做人的情商。只有聰明地做人和做事，才能做好人力資源管理工作。

2. 樂觀

樂觀精神對人力資源管理者來說特別重要。有些員工總是擔心全球經濟不景氣、房地產泡沫會破裂、互聯網行業會發生新的危機、公司現在全力打造的新項目可能會失敗等。假如當年馬雲等十八位創始人也抱著這樣的心態，阿里巴巴根本不會誕生，公司也不可能挺過創業初期的困難、互聯網泡沫、SARS事件、國際金融海嘯、股價暴跌等重重考驗。

3.皮實

皮實指的是抗挫折能力，與其相反的概念是「玻璃心」。有些人比較敏感而脆弱，稍微遇到一點挫折就被打擊得爬不起來，一聽到別人的批評就覺得自尊心崩潰了。這樣的人經不起互聯網行業的驚濤駭浪，只會成為大浪淘沙中被淘汰的失敗者。人資管理者經常會遇到公司困難期的「離職潮」，還有各部門人才缺口帶來的壓力。如果不夠皮實，就無法成為員工的後盾和公司高層的戰略夥伴。

4.自省

自省是人資管理者不可缺少的素養。一般來說，公司裡會有很多業務精英恃才傲物，遇到問題時往往不會從自己身上找原因，而是把責任推給其他人。人資管理者作為員工的後盾與行政事務管理專家，會承擔更多的相關壓力。別人都可以抱怨和推諉，但人資管理者必須學會用自省代替埋怨。先看看自己還可以做哪些工作，爭取改變一些現狀。如果暫時沒能力，應該朝哪個方向做準備，從而發揮變革推動者的作用。

總之，未來的人資管理者將為公司和員工的發展提供全方位的支援。唯有具備聰明、樂觀、皮實、自省四種基本素養，才能扮演好戰略夥伴、行政事務管理專家、員工的後盾、變革推動者四種角色。

直擊阿里：只招募有共同價值觀的員工

阿里巴巴前資深副總裁、首席人力官暨阿里影業公司首席運營官鄧康明曾表示：「（阿里巴巴）招聘新員工時，我們主要看他們本身是否誠信，是否能融入企業，能否接受企業的使命感和價值觀。業務問題並不是最重要的。」

從招聘階段就盡量招募價值觀與公司相近的人才，可以提高招聘人才的「存活率」，為後續工作減少不必要的麻煩。這種「投機取巧」的辦法是阿里巴巴的老傳統。

在社會意識趨於多元化的今天，每個人都有一套自己的思想價值觀。借助發達的社交媒體，大家都能找到一批與自己「三觀相合」的同道中人。但在工作中，你的同事往往與你的價值觀相差十萬八千里。假如只是興趣愛好和生活觀念的差異，對工作的影響還不大。如果是做事理念與發展目標存在根本性差異，工作肯定會因激烈摩擦而進展困難。

從企業營運的角度來看，上下同欲者勝，同床異夢者敗。如果全體員工缺乏共同的價值觀，只是為錢賣命，那麼公司一旦遇到困難，隊伍就會變得四分五裂。

為了避免這個悲劇，阿里巴巴人力資源管理部門在招聘新人時，往往只招那些認同公司價值觀的員工。如果不認同阿里巴巴的文化，其他能力再出類拔萃也不會被錄取。

馬雲曾經對阿里巴巴全體員工說：

「我認為我們面臨著兩種考驗：誘惑面前擋不擋得住，災難面前挺不挺得住。這是對價值觀的考驗，只有經過這個考驗，才真正叫價值觀。

……你們不要討厭這個過程，既然你們加入了這家公司，就要信仰我們的價值觀。阿里巴巴有六大價值觀，我們要對新進來的員工進行考核，更要對幹部進行考核。我們這家公司最寶貴的東西就是使命感和價值觀，這些東西是我們的DNA。大家不要覺得我這個人怎麼這樣，我就是這樣，你不爽，就等下一個CEO上來。但我可以告訴你，下一個CEO上來也是這樣。我下面的人都是這樣，上來的肯定也是這樣。」

這種看起來理想主義色彩濃厚的做法，其實與阿里巴巴早年發展過程中的經驗教訓不無關係。

二〇〇一年互聯網泡沫氾濫和二〇〇三年「SARS」疫情暴發的時候，阿里巴巴處於極度困難時期。許多能力優秀的老員工與管理者都覺得公司發展不下去了，於是紛紛跳槽。不料，阿里巴巴挺過了這些難關，形勢愈來愈好。那些離職者在新單位沒有太大起色，於是又想回阿里巴巴工作。

毫無疑問，這種做法在行業中屢見不鮮，也沒什麼可以指責的。當然，這種做法背後隱藏的投機心態，不利於公司的長期穩定。

沒有哪個知名企業是隨隨便便就能成功的。創業不是請客吃飯，需要全體員工以同甘共苦的精神，迎接各種不確定的挑戰。見勢不好拔腿就跑的人要是在公司裡擔任重要職務，必然會成為關鍵時刻的隱患。需要他們迎難而上時，他們反而帶頭逃跑，公司的發展必然會受到重創。

因此，馬雲在一次內部談話中說道：「一九九九年，我們提出要做存活八十年的企業，要成為世界十大網站之一，只要是商人，就一定要用阿里巴巴。這是我們的目標。作為阿里巴巴的員工，如果你不認同這個目標，請你離開；如果你認為這個目標不可能實現，也請你離開。」

事實上，的確有很多從阿里巴巴辭職的員工表示，受不了公司無處不在的「洗腦」。他們的說法是否中肯另當別論，但可以肯定的是，這些人已經失去對阿里巴巴價值觀的認同感，勉強留下也是出工不出力。如此一來，留在阿里巴巴的員工都是認同企業文化價值觀的人，會堅持貫徹公司的基本原則和願景目標。

在人才流動頻繁的當代市場，勞動者普遍信奉「合則留，不合則去」的理念。但認同公司價值觀的人，往往不容易被競爭對手挖牆腳，也不會在公司困難時退避三舍，在公司復興後出來摘桃子。這樣的人力資源堪稱德才兼備，不僅品質優良還立場穩定，不作為企業的主力軍是說不過去的。

阿里巴巴在人力資源管理的源頭——招聘環節，就非常注重對新員工價值觀的把關，可以提前篩選掉那些不認同公司願景目標的人。通過這種方式，阿里巴巴最大限度地讓公司內部保持「上下同欲」的氛圍，心往一處想，力往一處使，在統一的戰略下各盡其才。

從某種意義上說，重視價值觀相容性的招聘觀念，對用人單位與應聘者雙方都方便。大家各取所需，各得其宜，日後可以減少很多不必要的摩擦。

CHAPTER 4

新手培訓：促進普通員工迅速成長

員工培訓是人力資源管理中承前啟後的環節，但很多企業對這方面的重視程度遠遠不夠。無論是剛畢業的職場新人，還是奮戰多年的職場老手，進入新公司後必然要經過磨合過程。員工培訓不僅能為新聘人員提供相關的工作技能，也是公司輸出企業文化價值觀的重要途徑。從外部招聘的人才能否適應公司的文化價值觀與工作氛圍，將決定他們是否能圓滿完成公司給予的任務，以及能在公司待多久。

馬雲曾說：「你不可能找到最優秀的人才，只能找到最合適的人才，最後把他變成你最優秀的人才。」由此可見，如何把統一的企業文化價值觀與操作技能更好地傳輸給各式各樣的員工，是人才培訓機制的重點和難題。阿里巴巴在這方面有獨到之處。

員工培訓就是公司的基礎工程

每個新進員工，無論是剛畢業的「白紙」，還是身經百戰的業內老將，都需要磨合的過程。培訓就是磨合階段的關鍵環節，職場新人需要學習業務的技能，沙場老將需要瞭解公司的企業文化、運行機制及管理流程。這些都離不開完善的員工培訓課程。

然而，不少公司對員工培訓漠不關心，認為新員工只要把交代的工作做完，自然就能摸索出一套經驗，派專人培訓員工純屬浪費時間、精力、資源。持這種觀念的公司，往往在人力資源管理制度建設上也粗枝大葉，完全沒意識到一個相對成熟的員工培訓機制，對公司發展有著不可替代的作用。員工培訓的基本意義主要有以下幾點：

第一，良好的員工培訓機制是廣大求職者選擇應聘單位的重要參考標準，可以幫公司吸引更多的人才。

第二，員工培訓是一種特殊的福利，培訓可以提高員工的知識技能和自我價值，對員工有較大的激勵作用。

第三，員工培訓可以幫助公司招募的各類人才盡快熟悉新崗位，盡早形成戰鬥力。

第四，重視員工培訓的企業可以用層層遞進的培訓課程挽留人才，讓他們相信在公司能獲得更好的個人發展。

第五，員工培訓可以為公司源源不斷地輸送各類人才，充實各條戰線，在市場競爭中形成人力資源上的優勢。

綜上所述，員工培訓體系就是企業的造血機制，任何志向遠大的公司都不應該忽視對員工培訓體系的建設。否則，公司就無法保障每個關鍵職位都具備能挑大樑的優秀人才，發展後勁必然不足，難以適應愈來愈殘酷的市場競爭。

員工培訓需求分析

通常而言，企業的員工培訓課程包括公司發展史、組織框架、主營業務、公司文化、基本規章制度，以及各個不同職位所需的基本工作技能，等等。擔任培訓老師者不局限於人力資源經理，還包括某個領域的培訓講師、各部門主管、銷售代表、資深技術人員等。

如何把講課的人與傳授的知識技能有機結合起來，讓被培訓的員工獲得更充分的成長，是員工培訓的一大難題。為此，公司應該在事前對員工的培訓需求進行全面的分析。

員工培訓需求分析的內容，主要包括參與培訓的組織、員工現有知識結構、技能熟練程度、希望學習的內容等。通過瞭解這些綜合情況，人力資源管理部門在組織員工培訓時，就能有針對性地安排員工及組織最需要的培訓內容，以免培訓變成空洞乏味、讓參與者昏昏欲睡的講座。由此可知，培訓需求分析不僅是公司設計培訓目標及規劃的前提，也是員工培訓活動的最初環節。

至於員工培訓需求分析的辦法，主要有以下幾種：

1.訪談調查法

通過與被調查對象進行面談來獲取其需求資訊。除了找具體的某個員工面談外，還可以和高層管理者、相關部門主管等進行面談，詢問他們對培訓的看法與期望。這需要人力資源管理者在訪談前準備好訪談提綱，選擇合適的時間進行訪談。

2.問卷調查法

當培訓人數較多、來不及一一訪談時，可以採取問卷調查的方式，讓參與者填寫經過精心設計的標準問卷。調查方式不局限於直接發放，還可以通過郵件、網頁等形式發送。人力資源管理者回收問卷後，對結果進行評估，就能比較準確地清楚員工的培訓需求了。

3.現場觀察法

人力資源管理者親自到工作現場觀察員工的表現，從中找到他們普遍存在的不足，然後總結出一套針對性的培訓方案。優點是能結合實際工作需求來設計培訓內容，避免被調查者主觀判斷上的誤差。但現場觀察法最大的缺點，是當員工察覺自己被觀察時，會改變自己平時的言行習慣，從而讓觀察結果失去準確性。而且，對於那些專業技術性很強的工作，人力資源管理者也很難觀察出所以然。

4.關鍵事件調查法

這種方法是通過調查某個員工對公司產生的關鍵性作用，判斷其培訓需求。關鍵性作用包括積極的和消極的，比如爭取到大訂單，挽回差點流失的大客戶，因操作失誤造成公司財產損失，等等。人力資源管理部門針對員工積極的關鍵性作用，給予更高層次的培訓，針對其消極的關鍵性作用來彌補。關鍵事件調查法主要是回顧員工的工作紀錄，可以定期展開。這就要求公司及相關從業人員具備較強的檔案意識。

5.績效分析法

通過員工的績效考核結果，分析他們在哪些方面表現突出、哪些方面存在不足，然後根據公司制定的期望績效標準替員工查缺補漏。這種方法以績效考核資料為依據，設計出來的培訓內容往往比較貼近實際需要，從而改善員工個人或團隊整體的績效水準。

6.經驗判斷法

工作多年的人力資源管理者積累了豐富的經驗。他們在沒經過系統調查之前，也可以憑藉敏銳的直覺，初步判斷新員工在哪些方面較欠缺。當公司打算從基層幹部裡擇優選拔高級幹部時，他們心中也有大致的判斷，知道這些新幹部需要補充哪些領域的知識技能。這種辦法可以縮小備選培訓對象的範圍，減輕工作量，但這種方法具有一定的主觀性。如果不配合其他方法使用，可能會發生看走眼的情況。

7.頭腦風暴法

召集某個專案或工程的相關工作人員，開一個「諸葛亮會」，大家集思廣益，把所需的培訓內容一一列出。通常保持十人左右的規模比較合適，在討論過程中只提方案，不做任何批評及反駁。把所有的提議統統記錄下來，思路與視角多多益善。會議結束後，對所有提案中的培訓需求，按照迫切性和可行性排列，就能找出最有必要的培訓需求了。

8.專項測試評估法

這是一種運用專業知識測評表，調查員工培訓需求的方法。不同於普通的問卷調查，專業測評表有著很強的專業性，對操作者的能力要求比較高。假如公司內部的人力資源管理部門無人能勝任的話，就要邀請協力廠商專業機構協助測評。這會付出一定的時間和成本，但調查出來的需求資訊往往比較準確、專業和有系統。

9.能力勝任模型測試法

不少公司會根據職位差異來構建能力勝任模型，以此檢測員工是否具備勝任某一職位的知識、技能、身體狀態及價值觀。通過此測試，每一位員工的優點和缺點都會充分暴露。人力資源管理部門可根據這些情報來安排培訓內容，讓被培訓者的能力足以勝任職位需求。

上述幾種員工培訓需求調查辦法都有其優缺點，應該根據具體情況靈活運用。僅僅使用單一的辦法，不足以全面瞭解員工的培訓需求，也就難以為公司的招聘、培訓、薪酬管理、績效考核提供有力的依據。

各類「新手」員工的培訓策略

公司的培訓對象並不局限於剛入職的新人。隨著工作內容與職位的調整，每一位員工都需要「充電」，補充新的知識技能。從這個意義上說，老員工每接觸一項新工作，來到一個新職位時，都自動帶上「新手」的標籤，應當接受相應的培訓。不過，如同白紙的新進員工、公司有心栽培的核心員工及各層級的管理幹部，屬於不同類型的「新手」。一刀切的培訓策略無異於削足適履，人力資源部門必須根據被培訓者的具體類型，制訂差異化的培訓方案。

多數企業的新進員工培訓大同小異，主要區別在於對核心員工與管理幹部的培訓。這裡主要針對核心員工與管理幹部的不同培訓策略來討論。

具有出眾的業務能力，能幫助自己所在部門提升業績，甚至增強公司競爭力的員工就是核心員工。按照著名的「二八定律」，核心員工大約占公司總人數的二〇%，卻承擔八〇%的業務、技術、管理等重任，掌握公司絕大部分的客戶資源，為公司貢獻了八〇%的利潤。他們的職務未必很高，但實際上已經成了公司的中流砥柱，也是人才市場獵頭隨時緊盯的對象。核心員工一旦離職，對公司業務往往影響很大。**如何保證核心員工的工作積極性，留住他們的心，是公司高層必須高度重視的問題**。加薪升職及配套的培訓，都是非常重要的措施。

核心員工在業務或技術能力上超出一般員工，通常都有自己的一技之長。對他們進行員工基礎培訓的意義不大，但可以讓他們兼任業務知識方面的培訓導師。核心員工真正需要培訓的地方，主要在以下幾個方面：

1. 團隊合作意識

從基層幹起的核心員工最初相當於大機器上的螺絲釘，工作內容相對單一，單打獨鬥的情況多。隨著時間推移，他們的工作內容逐漸變複雜，甚至成為部門團隊的業務骨幹。這時候，核心員工光靠單打獨鬥已經無法提高效率，必須學會團隊合作，協助主管提升全團隊的整體實力。這就需要公司重點培訓他們的團隊合作意識與團隊管理技巧。

2. 自我管理能力

核心員工在知識技能上有明顯的優勢，容易恃才傲物、孤芳自賞，對自己放鬆要求。兩頭冒尖的核心員工往往讓公司管理層非常頭疼，一方面，公司十分依賴他們的業務技術能力；另一方面，他們不遵守規章制度的散漫作風會給其他員工帶來不良影響。所以，提高核心員工的自我管理能力也是培訓重點之一。

3. 價值觀和使命感

儘管企業希望所有員工都能認同公司文化價值觀，但並不是每個人都會發自內心地擁護公司的價值觀，背負著遠大夢想與使命努力工作。對很多人來說，給多少錢幹多少事才是職場常態。雖然公司無法強迫每個人都有強烈的使命感，但對於核心員工，必須提出更高的要求。假如核心員工缺乏使命感，一遇到逆境就置之不理，公司的抗打擊能力就會下降。培養一批與公司同心同德、共進退的核心員工，是維持企業長久續存的必經之路。

4. 其他工作所需的新技能

核心員工的任務往往多於其他員工，培訓時間有限。他們也不像新入職者那樣需要全面系統的知識培訓，只需要根據其能力不足之處，制訂強化訓練方案，同時還應讓他們在第一時間接觸到與工作有關的新知識、新技能。

培訓提拔或調動到新職位的管理幹部，對公司的發展也是至關重要。如果新幹部無法勝任，影響的不僅是個人，而是整個部門團隊，甚至全公司。對於阿里巴巴這種以「擁抱變化」

為指導思想的互聯網企業來說，建設一個「學習型組織」是必要的，而其中關鍵就是讓各級幹部也不斷地學習新東西。

主管級也要培訓，才能為公司加分

很多公司的誤區是對管理幹部重使用而輕培訓，只是讓幹部憑自己的興趣去學習和積累，並沒有根據公司發展需要組織專門的培訓。這導致公司管理層不能與時俱進，過分依賴經驗來辦事，很容易誤判新形勢，錯過新機遇。為此，公司人力資源部門應當重視對管理幹部的培訓，培訓策略主要包括以下幾個方面：

1.各部門主管基礎的工作能力

管理幹部基礎的工作能力主要包括四項內容：溝通表達能力、思維理解能力、組織協調能力、學習能力。管理者需要良好的溝通能力來上傳下達，讓大家知道該怎麼做；如果沒有清晰的思維，很難理解公司的戰略意圖與市場的多變形式；不懂組織協調就沒法與其他同事合作；缺乏學習能力就會被高速發展的社會淘汰。其實這些能力是每個員工都應該具備的，只不過對幹部的要求更高。

2.各級幹部的管理能力

幹部的管理能力主要包括七項管理專業技能：市場調查研究技能、相關產品技術知識、組織規劃技能、專案管理技能、員工激勵技能、行銷管道維護技能、行銷策劃技能。這些技能具有很強的專業性，需要管理幹部不斷學習，以保持見識和手腕能與時俱進。

3.企業使命及公司的新戰略目標

不同於對普通員工的思想灌輸，加強管理幹部對企業使命與公司戰略的學習，更多是培養其忠誠度與執行力。管理幹部通常都是公司的老員工，對企業使命並不陌生，但能否與公司同甘共苦，就要看他們對企業使命的認同程度了。普通員工只是按照大戰略下的戰術分工做事，不必考慮太多戰略問題。管理者則不同，需要為自己的部門團隊指明方向，並且配合公司其他部門共同實現董事局的戰略意圖，必須對公司的各項戰略爛熟於心。

總之，人力資源管理部門擔負著提高全公司各類員工綜合素質的使命，應當根據不同的培訓者制訂相應的培訓方案，以求培養出符合公司發展需要的多種人才。

阿里巴巴新人培訓三階段

根據阿里巴巴人力資源管理專家的研究，新員工進入公司之後會經歷三個階段。

1.結束的階段

新員工進入新環境後，放下自己在前一家公司所接受的知識、技能、經驗，把頭腦重新歸零。每個人過去的經歷都會對工作造成積極或消極的影響。比如，在前一家公司養成的工作習慣，可能讓你在新公司如魚得水，也可能讓你步履維艱。**忘掉之前的一切，才能以虛懷若谷的心態接受新公司的新知識，快速適應新環境**。

2.困惑的階段

剛工作一至二個月時，新員工會遇到很多此前沒碰過的問題，從而對新公司的環境產生困惑，同時也會對自己選擇新公司作為發展平臺的決定產生動搖。在這個階段，員工會進入瓶頸期，工作進展不順，感到各種不適應。所以，**人力資源管理部門要千方百計地為其排憂解難、指點迷津，讓新員工擺脫思想困惑帶來的陣痛。**

3. 重生的階段

度過困惑期後，新員工會對公司產生新的認識，調整自己原先的期望及工作方式，真正適應公司環境。當新員工進入重生階段時，工作開始得心應手，就代表他已經融入公司的文化土壤了。

上述三個階段是所有新人入職後的必經之路。有的人能較快達到重生階段，提前通過各種考驗。有的人則可能卡在困惑階段難以前進，最終只好離開。

阿里巴巴的新人培訓體系

針對這三個階段，阿里巴巴在實踐中逐步總結了一套比較完備的新人培訓體系，爭取讓新員工在一至三個月內融入公司文化。

推崇武俠文化的阿里巴巴把自己的新人培訓理論戲稱為「五行拳」。其中，「金拳」是讓新員工養成至純的心態，不要有太多雜念；「木拳」是讓新員工明白培訓主要是在工作中成長，學習的是實戰技巧；「水拳」是讓新員工學會怎樣在工作中「擁抱變化」，適應阿里巴巴不斷求變求新的工作氛圍；「火拳」是培養新員工的職場素養，以助其成長為專業的職場人士；「土拳」是讓新員工熟悉阿里巴巴「溝通無界限」的管理機制，可以向公司高層直接提正式的建議或意見。

阿里巴巴根據人才類型的差異，設計了三種新員工培訓系列課程：

（1）在公司國際站做銷售的新員工，學習的是「百年大計」系列課程。

（2）在中國站做銷售的新員工，學習的是「百年誠信」系列課程。

（3）非銷售職位的其他新員工，學習的是「百年阿里」系列課程。

三個「百年」系列課程，雖然在技能培訓側重點上有差異，但都是為了讓新員工盡快熟悉公司的業務和環境，並瞭解阿里巴巴的企業使命、基本原則、願景目標和核心理念。

無論學習哪個系列的課程，新員工培訓會延續到兩個月後的實習與考試當中。每週都有嚴格的考試，對新員工的業績和價值觀進行考察。其中價值觀考核主要是從客戶第一、團隊合作、擁抱變化、誠信、激情、敬業六大核心理念的角度進行量化評分。假如發現新員工無法與團隊成員配合，或者沒有遵守公司的價值觀，就算能力再強、業績再好，也會被辭退。

通常來說，新員工培訓也就是在最初的兩、三個月進行。這個階段結束後，新員工就只能靠自學來提高素養，企業一般不會再特別針對新員工設置課程，最多是某項新業務出現時，安排相關的新舊員工去聽講座。

這種做法在商界非常普遍，也沒什麼不妥。然而，作為一個倡導「擁抱變化」的學習型組織，阿里巴巴並不像絕大部分企業那樣，把新員工培訓局限在最初的兩、三個月。阿里巴巴的新員工在入職後，除了接受系統的「百年」系列培訓外，另有三個月的「師傅帶徒弟」的「關懷期」，而且在入職六至十二個月後，還有選擇「回爐」接受再培訓的權利。

也就是說，阿里巴巴的新員工在入職的一年內，都有接受系統培訓的機會，主要集中在前六個月。三個月的「關懷期」通過一對一的教學模式，讓老員工對新員工進行「傳幫帶」，促進了新舊員工之間的交流，也讓新員工能夠得到更好的成長環境。

憑藉完備的新人培訓體系，阿里巴巴成為中國互聯網行業最大的電子商務人才的搖籃。這使得阿里巴巴帝國始終能保持源源不斷的新鮮優質血液，支援自己向做一百零二年企業的宏偉目標前進。

重視員工的企業文化教育

阿里巴巴有個規定：無論新員工來自何處，都必須到位於杭州的總部參加為期一個月的專項培訓。培訓內容是企業文化，從第一天開始就系統化地講述阿里巴巴的價值觀和團隊精神。阿里巴巴成立以來總結的九條精神、六大核心理念、四項基本原則、三大願景目標等企業文化內容，都會在這一個月的專項培訓中全部講透。

有些新員工適應不了這種「洗腦」，於是放棄了阿里巴巴。而那些選擇留下來的員工，往往會成為阿里巴巴文化價值觀的擁護者。

馬雲曾說：「如何檢驗一家公司的好與壞？找七、八個員工，問問他們的目標是什麼，如果每個人的回答都一樣，就說明這家公司是有凝聚力的。我特別為阿里巴巴的員工感到驕傲，我們公司各種各樣的人都有，因為我需要的是『動物園』，不是『農場』。但是，要把一萬多個員工團結在一起，確實是很難的，因為他們每個人都認為自己很聰明，是天下第一，尤其是現在的年輕人。怎樣才能把他們團結起來呢？要靠價值觀，來阿里巴巴的人必須認同和堅守我們公司的價值觀。」

因此，高度重視企業文化教育一直是阿里巴巴培訓的特色之一。此外，這也和公司以前遭遇的慘痛教訓有關。

真實教訓帶來的養分

二〇一一年，馬雲等高層領導者發現，阿里B2B平臺上不僅存在商家欺詐現象，可能還有個別員工涉嫌勾結無良商家。當時負責這塊業務的阿里巴巴企業（B2B）電子商務總裁衛哲此前一直以常規方式調查和處理此事，把作弊商家的比例從一．一%降至〇．八%，但他並不清楚有哪些阿里巴巴員工跟作弊商家相互串通。

於是，阿里巴巴高層的幾個關鍵人物從外地回總部召開緊急會議，決定成立調查小組，由當時兼任上市公司獨立非執行董事的阿里巴巴上市公司審計委員會主席關明生帶頭，徹查阿里巴巴的各個B2B團隊。結果阿里巴巴關閉了幾個剛運行一年多的海外辦事處，當時公司的COO（首席運營官）李旭暉與CEO衛哲主動引咎辭職。

當時阿里巴巴已經成立了十二年，各項業務的運轉狀況良好。但根據調查小組的徹查，二〇〇九至二〇一〇年，涉嫌詐騙全球買家的阿里巴巴商家超過一千家，公司內部確實有少數員工為了衝業績，也配合其中一些無良會員進行詐騙。

阿里巴巴以電子商務B2B服務起家，而人們對電子商務最大的疑慮就是欺詐問題。所以，阿里巴巴六大核心理念中才有「客戶第一」與「誠信」兩條鐵律。這些員工的行為違反了公司的核心價值觀，觸動了高壓線，為阿里巴巴高層敲響了警鐘。

阿里巴巴建設B2B交易平臺，是為了讓「天下沒有難做的生意」。可要是這個交易平臺不能堅持「客戶第一」與「誠信」的話，交易便利性等優勢也就蕩然無存，就會從根本上動搖了阿里巴巴的立足之基。

經過這次教訓，阿里巴巴高層領導愈來愈重視員工的企業文化教育。公司設置為期一個月的專業培訓課程，讓全國及海外各地的新員工到杭州總部進行封閉式的企業文化教育，直到培訓結束後，才讓新員工回各自的工作地報到。

二〇〇八年四月十四日，馬雲在阿里巴巴內部管理者培訓「湖畔學院」辦過一次演講。他在演講中提到一個觀點：「今天，阿里巴巴有九千名員工，我認為十年以後，整個阿里巴巴集團會有十五萬名員工，至少有一萬名是幹部。這一萬名幹部，不培訓，怎麼能把我們的價值觀灌輸給其他員工？只有把我們的幹部培訓好，才能把我們的價值體系灌輸給所有員工。做人做事，要光明磊落，講究誠信。」

可見，**阿里巴巴的企業文化教育不只是針對新員工，對幹部的要求也同樣嚴格**。事實上，阿里巴巴內部也出現過因文化價值觀不合而引發的分歧。但通過狠抓企業文化教育，大刀闊斧地整頓公司風氣，阿里巴巴基本解決了員工與公司價值觀不一致的問題。

對於一個公司來說，企業文化教育平時看起來沒什麼用，但在關鍵時刻可以讓員工頂住不正當利益的誘惑，堅持作為業界良心，繼續貫徹公司的基本原則。假如平時對此不重視的話，員工並不會自動恪守阿里巴巴的六大核心理念與四項基本原則。如此一來，再好的企業文化價值觀也會淪為一紙空文。

拓展閱讀：華為的「全員導師制」

有句老話叫「教會徒弟，餓死師傅」。這反映了封建時代師徒關係與同行關係的一個側面。直到今天，職場人士大多抱著同樣的觀念來處理人際關係。這種觀念使得公司內部的經驗技術交流始終停留在低水準，無法有效提升整個公司的人力資源素質。

比如，華為公司高層很早就意識到，許多優秀老員工的經驗並沒有很好地普及全公司，而很多經驗不足的新員工則希望能得到一位導師的悉心教導。作為一個以技術研發為看家本領的高科技企業，這種敝帚自珍的態度顯然會阻礙公司整體的技術進步。

假如每一位員工都能好好分享自己的寶貴經驗，大家互相學習、互相砥礪，無疑會出現教學相長、共同進步的好結果。遺憾的是，大多數員工堅信職場險惡，不願意當與人分享的

「傻子」。單從思想上動員或組織一、兩次內部經驗交流會，無法讓員工們轉變態度。只有健全而合理的制度，才能讓大家敞開胸懷、相互學習。華為的「全員導師制」就是在這種背景下誕生。

華為的「全員導師制」有以下幾大特徵：

第一，華為導師實行輪流制，有時候一年一輪，表現優異者將獲得優先晉升的機會。這意味著包括銷售、客服、行政、後勤等部門在內的所有華為員工都有機會擔任導師。

第二，導師通過「一對一」的方式，對新進華為的員工進行指導培訓，讓新人培訓更加有針對性與實戰性，不再留下培訓死角。

第三，每一名華為導師必須同時具備出色的業績，以及高度認同華為文化兩個基本條件，而且每位導師最多只能帶兩名新員工。這是為了確保他們有充足的時間和精力來提高教學品質。

第四，導師不僅在業務上要發揚「傳幫帶」的傳統，在思想上和生活上也對新員工有指導和照顧的義務。這有點像過去中國國有企業的師徒制度，但又更加靈活。

第五，公司從物質上加強對導師的激勵，對每一位擔任導師的華為員工增發每月人民幣三百元的導師補助，並且定期評選優秀導師，獎勵人民幣五百元。

第六，華為導師都是從優秀員工中選拔出來的，只看能力，不論資歷，能上能下。新員工如果表現出眾，會被破格提拔，成為工齡更長的老員工的導師。

第七，華為導師對自己培養的徒弟負有連帶責任。如果徒弟犯了錯誤，導師也會被連帶追責，甚至降職。

第八，「全員導師制」與所有華為員工的升職掛鉤，沒擔任過導師的員工不會被提拔為幹部，而不願繼續擔任導師者將喪失晉升的資格。

從上述八個方面可知，華為的「全員導師制」突破了傳統師徒制的小圈子，試圖讓每位員工都有機會扮演學生與導師的角色。而且「全員導師制」有著明確的責任要求，以及相應的激勵措施。更重要的是，廢除了傳統師徒制的論資排輩習慣，讓導師選拔範圍變得更廣，對新舊員工的激勵更有力度。

重視培養接班人

華為「全員導師制」實際上已經超出了新員工培訓的範疇，在某種程度上，可以視為公司各個職務接班人的培養制度。

華為總裁任正非在一九九五年的一次談話中提出：「每一位幹部都要認真地培養接班人。我們的事業要興旺，就要後繼有人。工作成績優秀的幹部，在接班人培養上搞不好，就不能提拔，否則您走了，和尚如何吃水？我們要有博大的胸懷，培養我們事業的接班人，只有那些公正無私的人，才會重視這個問題。只有源源不斷的接班人湧入我們的隊伍，我們的事業才會興旺發達。這些接班人中，應包括反對過自己而犯錯了的同志。沒有這種胸懷，何以治家？不能治家，何以治天下？」

他在一九九八年「小改進、大獎勵」的演講中還提出：「千千萬萬的員工都會成為各級崗位的接班人。群體性的接班是我們事業持續發展的保障。」

員工培訓是為了讓新入職的人才更好地成長。華為「全員導師制」不局限於單個員工的培訓，而是把「群體性的接班」立為員工培訓的目標。這種獨樹一幟的人才培養機制，可以有效加快新員工融入公司的速度，也能讓老員工通過擔任導師而樹立更高的責任感與使命感，在「學生」面前發揮模範帶頭的作用。

在中國企業聯合會、中國企業家協會主辦的「二〇一六中國企業五百強發布暨中國大企業高峰會」上，華為技術有限公司排在第二十七位。這家高科技公司每年推出的技術專利非常多，甚至讓全球市值第一的蘋果公司反過來支付專利使用費。華為在技術上不斷突破，一方面是因為公司堅持以技術為本，另一方面與其特有的「全員導師制」息息相關。

基層篇

阿里巴巴的
一線員工管理體系

馬雲倡導「客戶第一，員工第二，股東第三」
的觀念。為了貫徹這個企業管理綱領，
阿里巴巴高度重視基層員工的工作生活，
力求最大限度地激發基層員工的潛力。
通過員工的成長來推動集團的整體成長。

CHAPTER 5

用賢標準：把特點各異的人組成夢幻團隊

世界上有多才多藝的多面手，但不存在十全十美的完人。公司招聘的人才再優秀，也不可能毫無缺點。凡是能力出眾的人才，多少都有點特立獨行，如果按照常規的方法管理，可能達不到預期的效果。

不過，完美的人不存在，完美的團隊卻是存在的。有句老話叫：「君子用人如器。」說的是君子應該像使用器皿一樣，根據大家的長處和短處來用人。通過合理搭配人才，讓不同的員工長短互補、共同進步，發揮更大的效能。

阿里巴巴的用人標準不拘一格，並不局限於從同行中挖掘人才。而且阿里巴巴並不欣賞那種孤芳自賞、難以合作的個人英雄，而是推崇各盡所能、並肩作戰的明星團隊。馬雲為此提出了一套「野狗和小白兔」理論，公司還在各級部門設置「政委」，以中國人民解放軍的組織形式為借鑑。

只要職位匹配，用人可以不拘一格

用人之道在中國傳統文化中，始終是一個重要話題。比如，三國學者劉劭的著作《人物志》是古代一部人才鑑定學專著，而魏晉時期的九品中正制就是通過考察人們的家世、德行、才能，評定人才等級的選才制度。事實上，用人之道對企業管理的影響絲毫不亞於治國平天下。

人力資源管理工作是一個龐大的系統工程，但歸根究柢都是在解決「用人」問題。企業文化價值觀決定了公司需要什麼樣的人才，人力資源戰略規劃則是告訴大家怎樣獲得所需的人才，招聘是為了搜求相關人才，培訓則是為了讓這些人才融入公司。毫不誇張地說，前面一系列的煩瑣工作都是為「用人」二字服務的。

從上述基礎工作中，我們大致能看出一家企業的用人之道，並能根據這點，評估其發展趨勢。

有的公司把學歷和專業背景視為用人的首要標準，那些業務能力很強但學歷不高的人可能會被淘汰。有的公司覺得院校派都是書呆子，熱衷於招聘敢打擦邊球的低學歷草根。這些都是由不同企業的發展思路，所衍生出來的差異化用人之道。在一定的環境與發展階段能發揮作用，但超出這個範圍時將不再適應新形勢。

除此之外，創業小公司與知名大企業的用人之道，往往也相差十萬八千里，車走車路，馬走馬路，各有各的活法，也各有各的優缺點。

根據發展階段採取相應措施

通常來說，**一個公司在不同的發展階段應該採取相應的用人之道**。但具體該如何落實，家家有本難念的經，更多還得靠自己摸索。在摸索過程中，少不了要走彎路。阿里巴巴就曾經在用人問題上經歷過輝煌，也遇到過教訓。

阿里巴巴最初的創業十八羅漢，有大學教師、資深媒體人，也有技術人員和年薪百萬美元的投資管理專家。

蔡崇信回憶說，他之所以辭去優越的工作加入阿里巴巴，是因為他覺得這個團隊非常有潛力，馬雲的領導能力很強，不同背景的隊友可以優勢互補，大家抱著相互尊重、取長補短的態度合作。在蔡崇信看來，這簡直是一個「夢之隊」。事實證明他的判斷沒錯，十八羅漢的確打出了一片新天地，奠定了阿里巴巴集團的發展基礎。

但是，當阿里巴巴在一九九九年十月得到五百萬美元風險投資金時，轉變了原先的用人方針。

阿里巴巴從香港和美國引進高學歷的商業人才，取代原先的高層管理團隊。除了馬雲本人，阿里巴巴另外十一位高層管理者都是從海外引進的人才。此後，阿里巴巴還從國內外招聘了大量ＭＢＡ（工商管理碩士），試圖以此方式向國際先進管理經營靠攏。

結果，其中絕大部分人，因為無法融入阿里巴巴的土壤而離開。事後，馬雲仍堅持認為他們管理水準其實很高，只是當時的阿里巴巴是小廟，容不了大菩薩。

經過這段彎路後，阿里巴巴的用人之道也趨於成熟，一方面以當年的創業十八羅漢為核心班底，另一方面不斷從外部引進與公司發展需要、文化價值觀相容的各類精英。這個方針使得阿里巴巴歷經風浪後，依然保持穩定快速的發展，愈來愈壯大。

現在阿里巴巴的用人之道可以概括為一句話——只要職位匹配，用人可以不拘一格。

比如，掌管阿里巴巴人力資源部十餘年之久的阿里巴巴前任首席人才官彭蕾，就是十八位創始人之一，與馬雲一樣是大學教師出身。她慧眼識珠，從公司前臺提拔了沒有任何學歷專業優勢的童文紅，創造了一段前臺小妹成為集團副總裁的佳話。

彭蕾和馬雲都不懂技術，所以他們極力尋找業內頂尖的技術能人。彭蕾在二〇〇八年物色到微軟亞洲研究院的王堅，千方百計地說動他加入阿里巴巴，擔任集團首席架構師，後來升任首席技術官。

馬雲在長江商學院讀ＥＭＢＡ（高階主管工商管理碩士）時，認識了長江商學院教授曾鳴。曾鳴的豐富學識與清晰的戰略頭腦讓馬雲大為讚賞，於是馬雲力邀他加盟阿里巴巴，成為掌控集團戰略的參謀長。

最有意思的，是阿里巴巴集團秘書長與首席風險官邵曉峰。他被招進阿里巴巴前是杭州市公安局刑事偵查支隊一大隊的大隊長，毫無商業經歷。但馬雲看中了他的潛力，將其拉進阿里巴巴高層團隊。

阿里巴巴有著獨特的組織結構，為了替各個職位配備最合適的人才。**阿里巴巴高層從來不局限於從單一管道搜索能人異士，也時常大膽破格重用出乎意料的人**。只要符合職位需求，英雄不問出身和資歷。這種不拘一格的用人之道讓公司的選才餘地更寬，也避免了所選人才不勝任的尷尬，是值得借鑑的成功經驗。

用明星團隊取代個人英雄

在十九世紀和二十世紀，獨狼式的商業英雄比比皆是。他們的故事富有傳奇色彩，成為勵志讀物的上好素材。但進入二十一世紀後，現代企業管理愈來愈複雜多變，單靠個人英雄的時代一去不復返。**多種人才組合而成的團隊，逐漸成為企業競爭的主導力量**。英雄與英雄的比拚已經讓位給團隊與團隊的較量。

對於這股時代潮流，阿里巴巴一直有著清醒的認識。難能可貴的是，阿里巴巴從一九九九年成立之初，就帶有濃厚的集團競爭意識，堅持用明星團隊代替個人英雄征戰商海。

如果按照傳統眼光來看，馬雲無疑是一位個人特色鮮明的創業英雄，甚至有人用PS技術把他做成財神的樣子。然而，媒體和業界眼中異想天開的狂人馬雲，總是在各種場合說自己不聰明、不懂技術。

他曾經對一些創業者說：「對所有創業者來講，懂不懂技術不重要，重要的是有激情。不懂技術的人要學會尊重技術，你可以請世界上最懂技術的人來為你工作。直到今天為止，我都搞不清楚什麼叫程式。正因為我不懂技術，心裡沒底兒，所以我請技術最好的人來阿里巴巴，我們合作得非常愉快。

幾年前，我是阿里巴巴所有產品的檢測員。我只會用電腦上網和收發電子郵件，連DVD怎麼放都不知道，為什麼去當檢測員？因為我覺得技術人員的責任就是幫助不懂技術的人把技術搞得更簡單，我們的技術人員搞出來的產品，假如我不會用，我相信八〇%的人也不會用。很多土老闆根本不會用電腦，怎麼來阿里巴巴？所以，我們要把簡單留給別人，把複雜留給自己。」

由此可見，馬雲一直在迴避輿論對自己的過度美化，不願染上個人英雄主義習氣。因為他很清楚，人一旦被個人英雄主義思想所左右，團隊精神就會被丟到腦後。所以，馬雲從來不會不懂裝懂，他非常欣賞和尊重其他團隊成員的聰明才智，也一直強調團隊的巨大作用。

當年剛創業時，他就相信阿里巴巴團隊及其所創造的文化，是競爭對手無法拷貝的，就算公司的機器全部被毀，只要核心團隊還在，幹部隊伍還在，整個集團就能東山再起。

阿里巴巴的一大基本信條是，互聯網必須結束個人英雄時代，並且進入團隊發展。為了打造一個強強聯合的明星團隊，阿里巴巴人力資源部多年來致力在公司內部與外界物色各種正才、怪才、偏才、奇才。

儘管阿里巴巴始終強調用統一的企業價值觀來教育全體員工，排除所有不認同公司文化的人才資源，但這並不妨礙它倡導團隊成員多樣化的政策。

單一的音符再多，也變不出生動美妙的交響樂；單一類型的人才再多，也構不成優勢互補的團隊。個人英雄時代的團隊規模不見得有多小，但除了領頭人之外，其餘的人如同襯托個人英雄光輝形象的背景板，缺乏鮮明特色，團隊作用微乎其微。所以，想要摒棄個人英雄主義習氣，貫徹團隊發展的道路，就必須容納多樣化的人才，讓團隊結構變得更加豐富多彩。否則，無法形成真正的團隊效應。

當然，組織成員的多樣化也可能帶來更多的誤解與衝突。每個人的思維方式與做事習慣不同，不經過磨合很難產生團隊默契。由於成員之間差異太大而無法共存的案例並不罕見，這也是組建團隊的一個關鍵問題。阿里巴巴強調價值觀教育，正是為了解決這個矛盾。

在統一的戰略下，公司各團隊擁有較大的戰術自主權。**在統一的企業使命感召下，不同脾氣與能力的人才多多益善，成員類型愈豐富愈好**。將多元化的個性與多樣化的才能匯成一股洪流，這是阿里巴巴完整的用人方針，也是打造多元一體的明星團隊之有效途徑。

獨樹一幟的阿里巴巴「政委體系」

俗話說商場如戰場，不少企業都會以軍隊的管理制度為借鑑，對員工進行軍事化或半軍事化管理。還有的企業也模仿軍隊搞軍訓，以加強掌控員工紀律。在這個問題上，阿里巴巴開闢了一條與眾不同的路。一方面，阿里巴巴推崇「快樂工作」的企業文化，不搞緊張的軍事化管理；但另一方面，阿里巴巴又比其他公司在借鑑軍隊成功經驗方面走得更遠，最主要的成果是效仿中國人民解放軍的組織結構，在公司各層級建立了「政委體系」。

阿里巴巴的「政委體系」分為三個層級：最基層是城市區域的「小政委」，與區域經理組成搭檔；中級政委則與高級區域經理組成搭檔；至於阿里巴巴網站的人力資源總監就是「大政委」。

區域經理、高級區域經理的角色類似部隊的軍事主官，側重業務方面的管理和決策。而各級政委的職能與部隊政工幹部相近，負責傳播公司的組織文化與企業使命，鼓舞員工的士氣，在人力資源方面為各級區域經理提供有效保障。從這個方面來說，阿里政委的職能又比部隊政委多一些。他們既主持各級單位的思想教育工作，也是各級人力資源管理負責人。

按照業內的通行標準，平均每六十至八十名員工配備一名人力資源管理專員。而在阿里巴巴，平均每四十名員工就配備一名阿里政委（相當於人力資源專員與企業文化教育專員的混合體）。可見，阿里巴巴單是在人力資源管理隊伍建設上的投入，就遠超過其他同行。

這套在互聯網行業獨樹一幟的「政委體系」，發端於二〇〇四年年底。當時阿里巴巴已經成立了五年，正在嘗試整合雅虎中國等資源，企業層級不斷增加，跨區域發展勢在必行。當一個公司進入此階段時，最頭痛的問題就是如何確保公司發展戰略和價值觀繼續貫徹落實。

團隊愈大愈要關注員工動態

創業之初，公司僅有的十幾個人在一間會議室裡，就能把分歧爭論清楚，及時統一思想和步調。但隨著業務種類增加，單一的創業團隊必然會分化成多個掌管不同業務或不同區域的團隊。雖然每個團隊的領導者是熟知公司戰略和使命的創始人，但其下屬的來源則是多種多樣，對企業文化的理解水準相對較低。組織規模愈大，人力資源愈雄厚，管理者和員工的思想也會隨之變得更為複雜，對公司的文化、使命、戰略的理解力也會不斷下降。

但是，由於每個團隊在業務上有著較大的自主權，總部如果不注意監督管控的話，人心會愈來愈散，戰略執行也會愈來愈困難。

馬雲曾經組織集團高層看軍旅電視劇《歷史的天空》，要求高層管理者認真學習人民軍隊政工幹部進行思想工作，以及挖掘戰士潛力的技巧。他與其他創始人也都意識到，公司需要想辦法加強凝聚力，以免跨區域發展稀釋掉企業文化的價值觀，讓集團內部各分支漸行漸遠。為此，阿里巴巴高層讓當時的首席人才官彭蕾，建立了這套被稱為「阿里政委體系」的人力資源管理機制。

有人戲稱阿里政委是「阿里錦衣衛」，其實阿里政委平時的角色更像是「居委會大媽」。阿里政委們突破了傳統人力資源管理者的角色，像部隊政委一樣狠抓思想價值觀教育，像居委會大媽一樣每天關心團隊成員的生活狀態。也就是說，阿里政委擔負著企業與員工關係管理的重任，**通過及時發現員工的問題，並為之排憂解難來營造良好的團隊氛圍**。這也是對阿里巴巴「笑臉文化」的最好詮釋。

按照彭蕾的指示，阿里政委們不光是關注員工動態，還要跟著集團所有的業務走。他們不光會講企業文化課，跟員工進行感情聯絡，同時也是業務上的內行。

每個阿里政委都要熟悉一線市場業務，瞭解部門團隊需要什麼樣的人才，瞭解公司員工需要提高哪些方面的能力。唯有這樣，才能更好地配合部門業務負責人完成公司目標，為各級單位源源不斷地輸送相應的人才資源，激勵所有部門團隊成員的工作熱情。

總之，阿里巴巴集團的發展壯大，離不開堅持執行了近十三年的「政委體系」。這是阿里巴巴對中國本土人力資源管理思想做出的重要貢獻。

直擊阿里：殺掉「野狗」，淘汰「小白兔」

在一個組織中，最理想的人才是既有出眾的業績，又能嚴守紀律，且富有團隊精神。然而，這樣的員工終究是少數。有些人雖然有成績，但紀律性較差；有些人紀律性較好，但業務能力普通。大多數人則介於兩者之間，業務能力和紀律性都在中等。

公司應該採取怎樣的取捨標準來用人呢？阿里巴巴給出的答案是殺掉「野狗」，淘汰「小白兔」。

馬雲曾在公司內部演講中提到：「做事一定要結果，但如果是以純結果為導向，不注重團隊和遊戲規則，不注重原則，我們稱之為『野狗』。業績很好，價值觀很差，這些是一定要殺掉的，今後你在自己的團隊裡也要做到。還有一些人，文化特別好，特別善於幫助別人，但業績不行，我們稱為『小白兔』，也得殺。殺『小白兔』心裡特別難受，因為他們都是好人，但你不殺，就永遠不能治理好一個企業。」

在阿里巴巴的理論體系中，「野狗」指的是那種兩頭冒尖的人物，有很好的業績，卻不遵守公司紀律，也不認同公司價值觀；「小白兔」指的是遵守公司價值觀，富有團隊精神，但業務能力實在達不到要求的庸者。

從某種角度來說，「野狗」就是才勝於德的人，「小白兔」就是德勝於才的人，兩者都是偏才，只能滿足公司的一種需求。

一般的企業總是會從中二選一。信奉只問結果不顧過程的唯業績論的公司，會保留業績出色的「野狗」，淘汰對業績增長毫無貢獻的濫好人「小白兔」。這種企業的行事作風不拘小節，員工遲早都會養成為了業績不擇手段的思維方式。有些特別講究規章制度的公司，會保留「小白兔」作為教育員工的道德模範，淘汰破壞公司制度的「野狗」。這種企業重視社會責任，講究內部團結與人情味，但辦事效率恐怕不會太高。

「小白兔」占主流的公司，總是會在殘酷的市場競爭中率先被淘汰出局。至於「野狗」占主導地位的公司，雖然能在短期內獲得較多成果，但不擇手段拉業績的做法，會引發很多後續矛盾，最終讓公司危機四伏。況且，「野狗」型員工的忠誠度基本上維持在低水準，在公司危難之時拔腿就跑也不奇怪。

因此，阿里巴巴採取最不留情面的做法，把「野狗」與「小白兔」通通淘汰，只保留業務與價值觀並重的員工，即傳統意義上「德才兼備之人」。

阿里巴巴之所以這樣做，主要是因為以前吃過虧。在二〇〇一年互聯網泡沫氾濫時期與二〇〇三年SARS爆發時期，阿里巴巴有不少業績突出的員工紛紛跳槽到競爭對手那邊，此舉無疑讓阿里巴巴雪上加霜。誰知公司最終挺過了這些低谷期，取得長足的進步，於是有不少退出的人試圖重返阿里巴巴。

阿里巴巴歷來堅持「企業的成長靠員工的成長」的觀念，高度重視員工的力量。但員工這種試圖去而復返的行為，讓馬雲等人意識到用人不能只看業績而忽略價值觀。

「野狗」型員工只在順境下發揮作用，為公司帶來業績。但他們無視規則與過程，為其他員工帶來不良影響，導致團隊協作效率大幅降低。到頭來，就算他們個人業績很好，也抵消不了團隊整體業績下滑帶來的損失。況且，他們的忠誠度低，並不會跟公司同甘共苦，只是想著摘勝利果實。

想要發揚阿里巴巴引以為豪的團隊精神，「野狗」型員工自然愈少愈好。相對而言，淘汰「小白兔」型員工就讓人多少感到惋惜。

馬雲曾說：「有價值觀、沒有業績的稱為『小白兔』，一個公司『小白兔』多了以後，那就是一種災難。如果不滅掉幾個『小白兔』，這個公司就不會前進，不會進步。」

「小白兔」型員工是企業文化價值觀的忠實執行者，同時在團隊中也樂於助人。單從這個角度看，他們的存在對團隊整體發展是有利的。然而，欠缺業務能力使得他們的優點完全被抵消了。

縱然「小白兔」型員工樂於幫助隊友，但他們自己的工作一塌糊塗，帶給隊友的幫助也極其有限。假如不淘汰這類人的話，整個團隊都不得不把大量精力浪費在為他們收拾殘局上，沒有多餘的力氣朝更高的目標發展。

總之，阿里巴巴的用人之道不僅要求員工兼顧能力（才）與價值觀（德），還從組建精英團隊的角度選用人才。只要業務水準達標並且恪守公司的文化價值觀，無論該員工有哪些缺點，阿里巴巴都將其視為可塑可用之才。

CHAPTER 6

激勵措施：激勵不到位是管理者的恥辱

想要人才對所在公司死心塌地，耍花招是沒有用的，唯一途徑就是改善公司的激勵措施。管理學中有專門的激勵理論，核心思想就是通過滿足員工的各種需求來調動他們的工作積極性。既想馬兒跑得快，又想馬兒不吃草，是不少企業管理者的做法。這種短視的做法必然會挫傷員工的積極性，導致企業無法突破較低的發展水準。

在馬雲的倡導下，阿里巴巴致力於從多方面激勵員工的士氣，既有精神目標層次的激勵，也有物質利益方面的保障。阿里巴巴的目標之一，是在公司內部培育出一萬名百萬富翁。這個宏偉目標也從側面反映出集團在激勵措施上做出的努力。

平凡的人一起做不平凡的事

阿里巴巴最富有傳奇色彩的故事就是，十八位創始人辭去原先穩定的高收入工作，住民房、吃泡麵，每月工資只有微不足道的五百元人民幣，一起共同創業。

比如，阿里巴巴集團總裁金建杭在加盟阿里巴巴之前，曾經在浙江日報社、國際商報社、外經貿部中國國際電子商務中心等機構任職，是外經貿部官方網站的首任主編，也是一位很成功的媒體人。

然而，當創業失敗的馬雲團隊在一九九九年春節從北京回杭州後，金建杭卻做出一個看似瘋狂，但結果十分成功的決定——辭職跟隨馬雲到杭州進行前途未卜的創業。無論從哪個角度看，金建杭的膽識和眼光都超乎尋常。

彭蕾曾經歷任阿里巴巴人力資源部副總裁、市場部副總裁和服務部副總裁，被許多媒體視為阿里巴巴的第二號人物。輿論還將她與雅虎的ＣＥＯ梅爾、Facebook的ＣＯＯ雪柔・桑德伯格並稱為「全世界互聯網公司中最重要的三位女性高級管理人員」。

彭蕾加入阿里巴巴的經歷比較特別，她當初是浙江財經學院（二〇一三年升格為浙江財經大學）的教師，由於丈夫孫彤宇想與馬雲進京創業，彭蕾便辭去收入穩定、壓力較小的大學老師工作，成為工號〇〇七的阿里創業元老。後來馬雲團隊鎩羽而歸，她依然在杭州追隨馬雲創業，成為十八位創始人之一，執掌阿里巴巴集團人力資源管理部門十幾年之久。

相比之下，阿里巴巴董事會執行副主席蔡崇信加入的事蹟，更令人感到不可思議。

蔡崇信持有耶魯大學經濟學、東亞研究學士學位，以及耶魯法學院法學博士學位，他在香港第一次見到馬雲時，就已經是擁有七十萬美元年薪的跨國公司副總裁及高級投資經理。當時阿里巴巴尚未正式成立，但蔡崇信被馬雲團隊的創業熱情所感染。他第二次來到杭州，與馬雲在西湖划船時提出希望加入阿里巴巴，據說馬雲驚訝得差點跳進湖裡。

別說其他人了，就連馬雲都對此感到不解，因為一九九九年的阿里巴巴是個典型的「三無團隊」，沒有顯赫的背景，沒有成功案例或足以說服投資家的財務資料，甚至連互聯網行業最重視的技術優勢都沒有。前面提到，馬雲和其他「十七羅漢」都住民宅、吃泡麵，每個月只有五百元人民幣的工資。按照當時的匯率，七十萬美元年薪與六千元年薪之間的差距在今天看來也很大，難怪其他人的第一反應是蔡崇信瘋了。

但是，蔡崇信有著風險投資家的老辣眼光，看到了阿里巴巴創業團隊的隱形優勢。如今，他被媒體譽為「馬雲成功背後的男人」，是集團幕後的二號人物。

上述傳奇故事彷彿是行銷號編造的職場心靈雞湯，卻實實在在地發生過。在今天，大家普遍認為大談「情懷」和「理想」的企業，只是在唬弄員工當廉價勞動力。但阿里巴巴用事實證明，真正的創業者情懷是可以讓高端人才暫時放棄短期利益，共同披荊斬棘的。

正如曾鳴教授所說：「如果有可能，人才超前配備肯定是有好處的，這個超前配備不是靠錢吸引來的，的確是靠使命和願景吸引來的。這個中間，馬雲能夠很早吸引蔡崇信，後來吸引我啊、衛哲啊這批人來，的確是因為這個事情本身特別有意義，然後馬雲是真正的相信這件事情，我們也相信這個事情，然後大家才能走到一起來。使命、願景、價值觀這個東西的確是吸引人的關鍵。」

重視目標激勵法

阿里巴巴一直是個理想主義色彩比較濃厚的企業，從創業之初至今，一直用企業使命與願景來激勵員工不懈奮鬥。不同於空談理想的普通企業，阿里巴巴在物質方面也非常厚待員工，只不過更重視目標激勵法罷了。

目標激勵法指的是**為公司上下樹立一個目標，以此刺激全體員工朝著該目標努力。通過不斷提升目標，員工就會產生更強烈的事業心，把企業使命當成自己的理想。**

馬雲曾說：「阿里巴巴的團隊文化裡有一句話——我們都是平凡的人，在一起做一件不平凡的事情。我們可以把別人當成精英團隊，把百度、谷歌當成精英團隊，但我們是平凡的團隊，我們要做不平凡的事情。」他在阿里巴巴內部談話時經常提到這個觀點。這就是對目標激勵法的靈活運用。

按照馬斯洛需求層次理論，人類最高層次的需求是自我實現的需要，即施展個人抱負，做一些能青史留名的非凡功德。但絕大多數人都是平凡的，很少有機會能幹一番大事業。阿里巴巴則反覆告訴全體員工：大家雖然都是平凡的人，卻齊心協力做著不平凡的事業，開創互聯網行業中前所未有的局面。

因此，阿里巴巴十八羅漢能在沒有任何優勢的困難條件下走到一起，為共同的遠大理想而奮鬥不息。這股強大的精神力量不僅成就了今天的阿里巴巴帝國，並將繼續激勵著後來加入的員工，貫徹「打造一百零二年的公司」的宏偉目標。

馬雲最喜愛的阿里團隊「中供鐵軍」

人類社會喜歡為英雄偉人樹碑立傳，因為他們的事蹟能激勵更多人為社會貢獻。企業管理也是如此，通過樹立榜樣來教育全體員工如何發奮創業、如何履行企業使命，枯燥的價值觀宣傳會轉為生動形象，員工更容易得到充分的激勵。因此，人力資源管理者應當善於從公司內部尋找模範，通過樹立典型來激勵眾人仿效榜樣。

阿里巴巴集團中，有一支歷史最久、根基最深、功績最多的團隊扮演著榜樣角色。人們稱呼該團隊為「中供鐵軍」。

「中供鐵軍」是阿里巴巴「中國供應商」專案直銷團隊的暱稱。據說這是保留最完整、最原始「阿里味兒」的公司團隊，也是馬雲最喜愛的阿里團隊。毫不誇張地說，沒有「中供鐵軍」，阿里巴巴帝國就成長不起來。更令人驚嘆的是，如今大半個中國互聯網行業的「經驗長（CXO）」都出自這支團隊。

比如，大眾點評原COO呂廣渝、美團網原COO干嘉偉、滴滴出行創始人兼CEO程維、去哪兒網COO兼大住宿事業部CEO張強（曾多次獲得阿里巴巴全國銷售冠軍）等。

而阿里巴巴高層管理團隊中的彭蕾、戴珊、蔣芳、金媛影、吳敏芝、余湧、孫利軍、方永新、童文紅等人，也出身於「中供鐵軍」。其中彭蕾、戴珊、蔣芳、金媛影都是創業十八羅漢之一，而且彭蕾、蔣芳、方永新是阿里巴巴的人力資源管理的資深專家。

由此可見，「中供鐵軍」對阿里巴巴及中國互聯網行業的貢獻超乎人們想像。

核心員工的價值

阿里巴巴以B2B業務起家，在二千年推出「中國供應商」服務專案，設有永康、杭州兩個聯絡點。「中國供應商」服務專案直銷團隊最初還不到十人，公司制度與企業文化價值觀都尚未成型，市場還沒打開。但「中供鐵軍」奮勇創業，奠定了阿里巴巴後來的業務、價值觀、組織結構基礎。

由於阿里巴巴在多個領域保持著高速發展的狀態，集團的人才需求變得十分迫切。馬雲曾在內部談話中感嘆道：「我們阿里巴巴面臨著巨大的挑戰，這個挑戰來自哪裡呢？我們的團隊現在被稀釋得很厲害，公司在高速成長，淘寶需要人，支付寶需要人，阿里軟體需要人，雅虎需要人，它們第一個想到的就是到阿里巴巴來拿。所以，我們今天這個管理團隊的幹部就被稀釋得愈來愈厲害了。但是我們沒有辦法，我們不得不往前走，不得不把阿里巴巴的幹部投入淘寶、投入支付寶、投入其他公司。」

在這個背景下，「中供鐵軍」裡的許多功勳元老被派往各個區域市場，成了阿里巴巴集團的「火種」。直到今天，不知換了多少批人的「中供鐵軍」依然保持著當年阿里巴巴最初的精氣神。

「中供鐵軍」之「鐵」主要表現為三點：

一是團隊有鐵的目標，把完成公司目標視為一種榮譽。假如沒能完成目標，雖然公司不處罰，但「中供鐵軍」成員自己會引以為恥，更加發憤圖強。

二是團隊有鐵的紀律，無論職務、收入、地位如何，都堅決執行組織的指示，不違反公司價值觀，不踩高壓線。

三是團隊有鐵的意志，無論身處何種逆境，都堅定不移地排除萬難，爭取最後的勝利。

現任阿里巴巴集團CCO（首席客戶服務官）吳敏芝說：**「中供鐵軍不是一種商業模式，而是一種文化。所以不管遇到什麼困難，鐵軍的精神是永遠不會變的。」**儘管阿里巴巴的企業文化有了很多變化，但「中國供應商」專案直銷團隊留下的鐵軍文化，依然是阿里巴巴企業文化體系中最堅實的內核。因此，馬雲才認為「中供鐵軍」是保留了最完整、最原始「阿里味兒」的公司團隊。

二〇一六年十月十日，阿里巴巴在杭州、北京、上海、廣州、鄭州召開「中供鐵軍」十五週年盛典。杭州是主會場，其餘四城是分會場，整個慶典通過優酷網路同步直播。吳敏芝、余湧、孫利軍、方永新等高層管理幹部坐鎮杭州主會場，此外，還有「中供鐵軍」現役隊員代表、調往其他職位的「前橙[3]老兵」代表、十二位「十五年陳」的老客戶，與他們一同回憶「中供鐵軍」往昔的功績，暢談阿里巴巴當下的發展，並展望集團未來。

這次活動的召開讓「中供鐵軍」的優良傳統，在整個阿里巴巴集團得到了很好的傳播。在榜樣示範力量的激勵下，阿里巴巴其他團隊也你追我趕、力爭上游。公司的抗風險能力與發展速度得到長足的進步。

3 編按：前橙會是離職阿里員工交流的組織。

以股權激勵贏得人心

馬雲在二〇〇七年十二月十一日「五年陳」大會的演講中說：「五年前，你跟人家說你是阿里巴巴的員工，人家可能會往地上吐口痰；而今天，你說自己是阿里巴巴『五年陳』的員工，你擁有多少股票，人家看你的眼光就徹底不一樣了。但是，你沒變，你還是你。」

這句話提到一個重要資訊，在阿里巴巴工作滿五年的員工（即「五年陳」）普遍持有公司的股票。

現代企業管理理論強調從多方面激勵員工，股權激勵是其中一種非常重要的手段。公司從所有股份中劃出一定比例的股份，以特惠價格購買或直接贈予等方式，獎勵那些貢獻突出的優秀員工。這樣一來，獲得股份的員工就成了公司的股東，可以得到定期的公司分紅。假如公司利潤增長快速，持股員工的資產也會迅速飆升，遠遠超過其他收入總和，變成一個百萬富翁也不是什麼稀奇的事。

迄今為止，國內外許多知名企業都採用了員工持股的激勵方式。比如，連續三年位居世界五百強榜首的零售業巨頭沃爾瑪集團，從二十世紀七〇年代就推出員工購股計畫，即員工能通過扣除工資的方式，以低於市值一五%的價格來購買公司股票。到目前為止，八〇%以上的沃爾瑪員工持有公司股票。

華為集團崇尚「以奮鬥者為本」的理念，用股權激勵奮鬥者也是情理之中的選擇。共有二十多萬名員工的華為雖然沒有上市，卻有六萬多名股東。由此可知，該公司的持股者比例也相當可觀。

二〇一五年五月六日，奇虎三六〇集團和酷派集團共同投資創辦了三六〇奇酷。同年十二月八日，三六〇董事長周鴻禕通過內部郵件，啟動奇酷員工股權激勵計畫。該計畫的主要內容包括：首次授予股權占授予員工總股權六〇%，員工無須出資購買；其餘四〇%為業績優秀員工再次授予預留。

可見用股權激勵員工的奮鬥熱情，在全球都十分流行。馬雲希望阿里巴巴吸取這些成功經驗也是理所當然的事。但在實際操作中，阿里巴巴董事會內部對此的分歧非常嚴重。

讓員工持股是好或壞？

螞蟻金融服務集團CEO彭蕾，在接受《財經》雜誌記者採訪時談道：「我們決定先把四〇%的股票分給員工，原因是當年我在阿里巴巴集團當CPO（首席產品官），馬雲和董事會最大的分歧就是每年給員工的獎勵和期權，每年虎口拔牙，非常痛苦。這是他和董事會吵架最多的。所以我們這次決心先把股權拿出來，一勞永逸。」

馬雲認為每年應該給優秀員工公司股份，但阿里巴巴原最大股東——軟銀集團的董事長兼總裁孫正義不贊成。兩個人的爭論非常激烈，後來馬雲為首的管理團隊通過可變利益實體結構（VIE）與合夥制，從軟銀、雅虎兩大股東那裡贏回了對集團的投票權。

雙方之所以意見相左，主要是因為股權激勵法對員工的影響存在兩面性。

員工持有公司股份，為了讓自己手中的股票升值，獲得更多的公司分紅，他會懷著主人翁意識，以強烈的使命感來推動公司的發展。

這是馬雲的認識，也是沃爾瑪、華為、奇虎三六〇等公司推崇的做法。從結果來看，**阿里巴巴把四〇%的股票拿出來分給優秀員工，加大了對員工的激勵力度，也強化了集團內部的向心力與凝聚力**。不少阿里員工的財富有較大幅度的增長，阿里巴巴也因員工士氣振奮而大受裨益。

員工因持有公司股份而獲得大量紅利，收入超出原本的工資，於是覺得沒必要累死累活地工作，開始混日子。

孫正義最擔心的就是這種狀況，於是強烈反對讓大量阿里巴巴員工持股。他的憂慮與軟銀的教訓有很大關係。軟銀剛成立時，與所有創業公司一樣開不起高薪，於是只好用股權來激勵員工。一年以後，軟銀成功上市，所有拿了股票的員工都成了身家上百萬甚至幾千萬美元的富翁。於是有不少員工懶得幹活，把精力用在買房子、炒股票上。

雅虎也出現過一模一樣的情況，所以楊致遠和孫正義一樣，都不贊成員工持股，害怕阿里巴巴重蹈覆轍。

馬雲並非不清楚這點，他在一次內部會議中告誡阿里巴巴管理團隊：「假如管理層的眼睛盯著的是股票，那麼管理層就應該換掉。管理層的眼睛盯著的是客戶需求，是員工，是企業怎麼度過難關，這才是優秀的管理層。」但他堅持認為應該對優秀員工進行股權激勵。當然，他也沒有忽視孫正義和楊致遠的善意提醒，在內部談話中，多次批評那些把心思都放在股票上的員工。

他曾對工作五年以上的老員工說：

「有一種股票是炒買炒賣、做短線的，今天科技板，明天化工板，後天外貿板，如果一家公司的股票被這麼炒過，那它自己也被炒糊塗了。因為任何一粒種子被炒過以後，就不可能再發芽了。股票猛漲時，管理層、創業員工都欣喜若狂，突然掉下來，又無比沮喪，這樣折騰幾下，這家公司就廢了。

……

除了短期持有的股票，還有一種股票是作為中長期投資的。回報率一般是五%至七%，好的話能達到一〇%，這取決於行業、產業和整個公司營運的競爭環境狀況。有些公司的股票可以長期持有，留給子孫後代。我有一個朋友參加了巴菲特的股東大會，他說十五年前，他爸爸給了他十股股票作為生日禮物，一百美元一股，一共一千美元，現在這十股股票已經值二．八億美元了。他現在又把這二．八億美元變成了基金，留給子孫後代，讓他們可以永遠靠這些錢生活。」

馬雲說這番話是為了點醒全體員工，不要因為拿到公司股票就貪圖享樂，丟掉艱苦奮鬥的精神，應該為子孫後代做長遠打算，更加努力地提升公司的業績，把手中的股票價值提升到更高的水準。這樣對公司、對個人都有利，才能讓股權激勵計畫獲得雙贏的結果。

拓展閱讀：以奮鬥者為本的《華為基本法》

華為集團在二〇〇七年的某個內部文件中有這樣一段話：「歷史和現實都告訴我們，全球市場競爭實質上就是和平時期的戰爭，在激烈競爭中任何企業都不能常勝，行業變遷也常常是翻雲覆雨，多少世界級公司為了活下去不得不忍痛裁員，有些已消失在歷史風雨中。前路茫茫充滿變數，非常不確定，公司沒法保證自己能長期生存下去，因此不可能承諾保證員工一輩子，也不可能容忍懶人，因為這樣就是對奮鬥者、貢獻者的不公平，這樣對奮鬥者和貢獻者就不是激勵而是抑制。幸福不會從天降，只能靠勞動來創造，唯有艱苦奮鬥才可能讓我們的未來有希望，除此之外，別無他途。」

這份「關於近期公司人力資源變革的情況通告」，充分反映了一個具有華為特色的觀念——「華為沒有任何可依賴的外部資源，唯有靠全體員工勤奮努力與持續艱苦奮鬥。」

一言以蔽之，一切以奮鬥者為本，這就是著名的《華為基本法》的中心思想。華為定義的「奮鬥者」包括員工與投資者，而「奮鬥」的範圍除了一切為客戶創造價值的大小工作外，還包括充電學習等活動。

總體而言，只要努力提高自身水準，為客戶提供更好的服務，讓公司在市場中的競爭力得到進一步的強化，都是「奮鬥者」的義務。而為這些「奮鬥者」提供更多的激勵政策與保障措施，正是《華為基本法》的出發點和落腳點。

無論多麼偉大的事業，都是眾人按照分工合作來共同完成。人性是複雜的，並不能一直保持努力奮鬥的精神勁頭。《詩經》裡有句話叫：「靡不有初，鮮克有終。」一個人乃至一個組織，都很難避免虎頭蛇尾的毛病。剛開始大家活力滿滿、激情洋溢，做事能百分之百投入，甚至是更多的努力。但時間一久，人對工作的熱情和興趣會下降，組織的活力也逐漸衰退。散漫與懈怠將在公司每一個角落蔓延，整個企業組織不再像最初那樣積極進取，運作效率也大大降低。

這是所有企業必然要面臨的問題。有的公司能及時調整，讓組織及組織中的人都能不斷保持積極性。有的公司應對不當，結果導致組織走向瓦解。

別輕忽激勵員工的效應

華為最驕傲的成就之一，就是在二〇〇八年全球金融海嘯中，不但沒有像其他國際電信巨頭那樣業績縮水，全球銷售收入還逆流而上，比前一年增長了四二．七％。在很大程度上，這個成績是依賴華為海外員工的努力奮鬥，而華為海外員工的鬥志則靠合理的激勵機制來實現。

按照華為內部的規定，到愈艱苦的地方工作，薪酬就愈高。華為一直堅持國際化發展戰略，其銷售額七五％來自海外市場，主要集中在亞洲、非洲、拉丁美洲的國家和地區。在非洲一些國家工作的華為員工，不僅要面對非常落後的基礎生活環境，甚至可能遭遇戰亂。但他們的薪資待遇比國內同等職位的員工要多一、兩倍，甚至更多。因為在華為高層看來，他們接受了公司交與的艱巨任務，是艱苦奮鬥精神的實踐者，理應獲得更高的回報。

由於國際上的優質市場大多被外國名牌占領，華為只能採取「農村包圍城市」的戰略，在世界上偏遠、動亂、自然環境惡劣的地區尋找機會。這使得華為在國際化發展過程中遭遇了很多挫折。

比如，在非洲剛果（金）的華為集團辦公室牆上有子彈留下的痕跡，還有許多海外員工經歷過搶劫和瘧疾。這些員工裡有中國人也有外國人，他們都是華為「以奮鬥者為本」精神的貫徹者，贏得了亞非拉各國政府和當地人民的尊重。

對於這些承擔最艱難市場開拓任務的「奮鬥者」，華為都給予同類職位中的最高待遇，以表示對優秀員工的敬意。為了讓全體員工向「奮鬥者」學習，繼續發揚長期艱苦奮鬥的作風，華為集團才制定了這部別具一格的《華為基本法》，以規章制度的形式，啟動整個企業組織的活力與積極性。

當然，以奮鬥者為本的理念，追求的是給廣大「奮鬥者」合理的回報，而不是片面地抬高「奮鬥者」的利益和地位。因為那樣會給公司營運帶來過高的成本，最終影響到研發、生產、銷售、客服等各個環節，讓公司因不堪重負而衰退。對於一心為壯大公司而努力的奮鬥者來說，這恰恰是最壞的結局。

華為的人力資源管理追求的是可持續發展。想要保障公司和廣大奮鬥者的可持續發展，就應該在制定政策時注意合理與適度。重用奮鬥者，優待奮鬥者，信賴奮鬥者，但不慣壞奮鬥者，不犧牲長期利益來一味拔高奮鬥者的短期利益。這才是華為的用人方針。

CHAPTER 7

績效考核：價值觀與業績必須綜合考察

一個人對企業貢獻的大小，主要體現在績效考核上。通常來說，員工的薪資待遇與績效考核是直接掛鉤。合理的績效考核制度可以激發大家的工作積極性，而不合理的績效考核制度則會讓員工提不起幹勁，甚至提交辭職申請。瞭解一個公司的績效考核制度，也是判斷其人力資源管理體系是否完善的一項重要指標。

阿里巴巴的績效考核自成一體，不僅考核員工的銷售業績，還考核他們的價值觀。因為在馬雲看來，企業員工應該有統一的價值觀，否則就無法同心協力地實現「做一百零二年的企業」的大目標。阿里巴巴還有個「二七一」績效考核原則，以此作為末位淘汰制的基石。不過，阿里巴巴的末位淘汰制保留了一次返聘機會，員工只有再次遭到淘汰時才會被公司永久性棄用。

績效考核的意義與法則

如果說人力資源管理是企業營運的核心，那麼績效考核就是核心中的核心。銷售員跑業務是因為要完成績效考核指標；財務部門發放給員工的薪水，是根據績效考核結果來計算；董事局決定提拔誰當高級管理幹部，也是以每個候選人的績效考核結果為依據。毫不誇張地說，公司一切工作都是圍繞績效而進行，大家努力的直接目標是達到績效考核的標準。

績效考核制度對公司的意義，主要表現為以下幾個方面：

1.評估員工表現

績效考核不僅考察員工在業務方面的成績，同時也評估其工作態度、學習精神等方面。每一位員工都可以通過績效考核的結果，檢查自己在工作中的不足之處，公司也能瞭解到每個員工平時的表現。

2. 人事調整依據

公司做人事調整的依據，主要是績效考核結果。如果某些員工的能力素質與實際表現，超出了現有職位的要求，就應該考慮將其提拔到更高級別的職位，讓他們發揮更大的作用。反之，力不勝任者就應該考慮將其降職或調動到其他職位。公司高層用人如果只憑主觀印象而不看考核表現，是無法服眾的。

3. 薪資定位依據

勞動報酬永遠是員工最關心的問題。合理的薪資待遇要讓勞動與回報成正比，這樣才能讓員工感到公平，對工作積極。不同的員工對公司的貢獻大小各異，只有細緻的績效考核才能準確反映每個員工對公司的價值，適當拉開奮鬥者與懈怠者之間的差距。

4. 反映培訓需求

每個員工主觀上的自我評定，未必與客觀上的績效考核結果相符。人力資源管理部門通過查閱各員工的表現，可以發現他們哪些方面的能力有所欠缺，就可以針對該方面加強業務培訓。

5. 激勵員工上進

激勵員工力爭上游是績效考核的最終目標。績效考核結果在拉開員工收入差距的同時，會給廣大員工樹立一個標杆——怎樣做才能獲得更多的報酬與更好的發展。大家都順著績效考核的要求不斷提升自己，爭取提高薪資待遇和職務，就能在公司裡形成一種「你追我趕」的良性競爭氛圍。

從上述五點可以看出，績效考核制度給全體員工帶來壓力的同時，也是企業營運的支柱。如果績效考核制度不健全或不合理，就會挫傷公司員工的積極性，讓基層員工心生怨言，最終主動離職。這就違背了設立該制度的初衷。

設計績效考核的四個法則

績效考核最複雜的環節就是把考核目標量化成可操作的標準，只要遵循以下四個法則，就能理出清晰的脈絡來。

1. 保持數量、品質、時間、成本的綜合平衡

數量、品質、時間、成本是量化績效考核的四個基本維度。數量類指標有產量、銷售

額、利潤率、客戶流失率等，品質類指標有滿意度、通過率、達成率、創新性、投訴率、誤差率等，時間類指標有天數、及時性、工期、新產品上市週期、更新週期等，成本類指標有成本節約率、投資回報率、折舊率、費用控制率等。這四個考核維度在不同類型的工作中占的比重不同，人力資源管理部門設計績效管理標準時，應該注意四個維度的綜合平衡。

2. 把考核目標資料化、細分化、流程化

量化考核的關鍵是用資料表示評估結果。不過，很多事物無法用資料精確地描述，這時至少要做到考核項目細分化，讓大家能清楚瞭解哪一步做得好、哪一步沒做到位。假如遇到某些難以細分子目的考核對象，最起碼要將其流程化，讓大家知道問題出在哪個環節。只有經過資料化、細分化、流程化處理，績效考核體系才不會模糊不清。

3. 考核過程與考核結果相結合

過程與結果哪個更重要的問題，其實不需要爭論太多。因為現代企業管理對流程要求愈來愈有科學規範，如果能嚴格遵守考核的標準過程，至少不會得出非常不準確的結果。只考核結果而不顧過程，就容易忽略實現目標過程中的資源浪費、重複作業等問題。所以設計績效考核體系時，應當把考核結果與考核過程結合起來，進行全流程、全週期的系統考核。

4.注意考核體系設計的全面性和可操作性

考核的全面性不單是指考核指標的全面性，還要把做什麼、為何做、怎麼做、做多少、在哪兒做、何時做完、誰來做等問題全部梳理清楚，考核責任細化到流程中每一步驟的執行者。各個部門團隊的績效考核既有區別又得存在關聯性，還要結合公司的新戰略，不斷調整考核標準。此外，設計的績效考核目標還應該是員工通過努力才能完成的，目標過低無法發揮激勵作用，目標過高則缺乏可行性，會挫傷員工的積極性。

價值觀和業績占比各半的考核標準

管理者和員工看問題的角度是不同的。管理者經常覺得員工還沒有盡力，但員工則認為自己做的事與公司給的報酬不成正比，雙方對工作效果的主觀認識截然相反。這時候，就需要一個客觀的標準來衡量員工的成績。

然而，設計考核標準恰恰是績效管理最核心，也最令人力資源部門頭痛的部分。

我們在上一小節提到，制定考核標準要注意保持數量、品質、時間、成本的綜合平衡，以及把考核目標資料化、細分化、流程化，並把考核過程與考核結果結合起來，還要注意考核體系設計的全面性和可操作性。這些只是對普遍情況的泛泛而談，具體應用到每家企業時，還得結合其業務類型、組織結構、文化特徵來討論。

在這個方面，阿里巴巴也經歷過一段摸索期，幾次調試績效管理方向後，才發展成現在的制度。

過去的阿里巴巴和許多知名企業，都採用了ＫＰＩ（關鍵績效指標考核）型考核制度，以業績結果為導向。到了二〇〇八年時，已經成立九年的阿里巴巴依然奉行KPI至上的績效管理理念，但馬雲察覺到了一絲隱患。

他在一次內部談話中指出：「我現在看到我們這家小公司有了一些大公司的弊病，比如出現了浪費，出現了官僚作風和形式主義。我們的KPI文化愈來愈強盛，一切以KPI為主，缺乏了協調性。我們希望以結果為導向，但是過多地以結果為導向，文化就會被稀釋。我們的價值觀考核也大多流於形式。這些都是公司在高速成長過程中出現的問題，而解決這些問題的唯一辦法就是繼續發展、完善自己。」

互聯網的發展顛覆了很多東西，包括傳統的企業組織結構與管理理論。阿里巴巴引進過許多MBA，並借鑑國際流行的KPI績效管理。這既讓公司的發展變得愈來愈正規化，也導致阿里巴巴的價值觀逐漸被稀釋。

KPI的核心是以結果為導向，換言之，你只要完成任務就行，公司不管你用什麼手段，也不管你對公司有沒有認同感。從短期來看，這會激勵員工提升自己的業務水準。但從長期來看，這會催生許多只顧結果、不問過程的「野狗」型員工。企業發展順利時，潛在的問題可能被掩蓋，但遇到逆境時，員工就有可能做出違背公司價值觀的事情。

對此，馬雲反覆強調：「許多領導很看重結果，比如今年要完成二千萬元的任務。以結果為目的，你的團隊會很累，永遠想著我做哪些事情才能達成。不要這樣思考，否則所有人盯著的就是錢，而不是服務。戰略、團隊、結果這三點，管理層必須要掌握好。阿里巴巴能走到現在，原因很樸實，也很簡單，但做的過程確實很艱難。我相信，中國一定會出現世界級的企業，中國人很聰明，一學就會，重要的是過程中要不斷反思這些問題。」

隨處體現的阿里巴巴價值觀

阿里巴巴在招聘員工時，就特別注重對方是否認同公司的價值觀，還為加強企業文化教育而專門進行一個月的封閉式培訓。可是，沒有績效考核制度作為保障，大家會對價值觀愈來愈輕視。

所以，馬雲說：「我們公司的考核制度是價值觀占五〇%，業績占五〇%，這種方式在中國是獨特的。我們要堅持走下去，如果有一天我們成功了，這套東西就會被很多企業學去，這樣，我們的DNA就會傳到別的機體裡，我們的靈魂就會延續下去。」

阿里巴巴的價值觀並不只是馬雲在演講中的口號，而是體現在公司的每一個角落。「誠信中國」四個巨大的紅字被擺在B2B公司的圍牆邊上。阿里巴巴董事局前副主席、阿里巴巴榮譽合夥人陸兆禧的淘寶辦公室裡，掛著一幅「寧可淘不到寶，也不可丟誠信」的題字（武俠小說家金庸親筆所書）。更重要的是，**根據價值觀和業績各占五〇%的績效管理原**

則，阿里巴巴在ＫＰＩ體系之外，還創造了一套價值觀考評體系。

阿里巴巴的價值觀行為準則評分標準，包括Customer First（客戶第一）、Teamwork（團隊合作）、Teach&Learn（教學相長）、Quality（品質）、Simplicity（簡單）、Passion（激情）、Open（開放）、Innovation（創新）、Focus（專注）九個方面，每項內容由低到高分為五個等級，最高分是五分。

每個進入阿里巴巴的員工都會聽到兩個案例。一個是某位業務員以無法兌現的承諾，誘導山東某個房地產商發展為中國供應商，結果，阿里巴巴高層決定把多達六位數的錢全數退還給客戶，並處罰了該員工。另一個是阿里巴巴廣東區域的幾名員工（甚至有區域經理），在業務知識考試時相互抄襲，被公司高層發現後全部開除。

這種雷厲風行的價值觀考核比ＫＰＩ考核更為嚴厲，如同一根不可觸碰的高壓線，不少昔日的阿里巴巴功臣都因此先後離開。儘管如此，阿里巴巴還是堅持價值觀與業績並重的考核方式，以免全體員工淡忘了企業使命與價值觀。這種績效管理方式，堪稱阿里巴巴在互聯網行業中的一面旗幟。

馬雲倡導的考績原則揭祕

在人力資源管理的各大模組中，績效考核管理最容易得罪人。人力資源部只是根據公司制度與績效指標，對每一位員工的業績進行綜合考察，作為調整薪資與職位的客觀依據。但是，在某些因考核不達標而被削減工資的員工看來，人力資源部是拿著雞毛當令箭，故意找自己的茬。

有些企業存在「你好我好大家好」的不成文規矩，人力資源部為了不得罪人，績效考核都打高分。到頭來，混日子的員工不害怕被降薪，「驕嬌二氣」就更加濃厚了；努力工作的員工見付出再多也得不到好回報，立功願望下跌到絕對零度。這就完全失去了績效管理的意義，公司遲早要散。

關於這個問題，馬雲在阿里巴巴幾次重要發展階段反覆強調。他曾在員工大會中直言不諱地說：「如果有些人每天早上開著跑車上班，心裡想著：既然馬總說不能離開，那我就不離開，反正我還有淘寶和支付寶的股票，就耗個五年，公司在替我賺錢，我就永遠不幹活兒了，這兒逛逛，那兒逛逛，也不需要努力工作。這才是最大的災難。我們最討厭、最擔心這些身在公司心卻不在公司的人。如果發現公司裡有這樣的人，我們一定會採取措施，一定不會讓這樣的人繼續留在公司裡。出工不出力的必須嚴懲，不然我們就對不起新加入的人，對不起勤奮的人，對不起信任我們的股東，對不起未來。這是我最想強調的。」

縱觀那些發展狀況良好的企業，雖然會採取寬鬆的人性化管理，推崇「快樂工作」的理念，但在關鍵指標的考核絕不會含糊。有功者賞，有過者罰，才能勸勉眾人積極為公司建功立業，不讓公司被好逸惡勞之人的劣性打垮。

獨特的「二七一」考核原則

為此，阿里巴巴要求每個員工都參加每季度、每年的「ＫＰＩ＋價值觀」雙重考核，各部主管按照「二七一」績效考核原則，來評估所有的員工。「二七一」績效考核原則將員工劃分為三個等級：

第一級是超出期望的員工，占全體員工的二〇％。

這二〇％的員工不光有突出的業績表現，同時也是阿里巴巴核心價值觀的踐行者。阿里巴巴高層將他們視為公司的驕傲，不斷提拔他們到重要職位。

第二級是符合期望的員工，占全體員工的七〇%。

這類員工認同公司的核心價值觀，思想覺悟沒問題，但業務能力中規中矩，並無突出表現。阿里巴巴的大多數員工都是這種類型。公司將對他們進行針對性的培養，挖掘其潛力，鞭策他們進入二〇%的佼佼者行列。但與此同時，阿里巴巴也不放鬆價值觀考核，以免他們思想懈怠，下滑到最低的檔次。

第三級是低於期望的員工，占整體的一〇%。

這類員工也許表現得很差勁，也許業務能力非常突出，但他們的共同特徵是不認同公司的核心價值觀。按照阿里巴巴的用人理論，業績拔尖但價值觀考核不過關的是「野狗」型員工，是人力資源管理部門必除的對象。

正如馬雲所說：「領導要達成一個目標，必須有一個良好的團隊。如果你發現團隊裡有人出現錯誤，怎麼辦？有三個辦法：第一，讓這個出現錯誤的人繼續留在原來的位置上，這樣一來，這個人肯定會繼續製造麻煩；第二，重新訓練他；第三，開除他。你如果不採取行動，就會導致其他追隨者感覺你不在乎他們。其他人都在努力按照你設定的方向走，只有這個人不按照方向走。所以，你要麼重新訓練他，要麼開掉他。」

那一〇%低於期望的員工就屬於這種情況。如果讓他們繼續待在團隊中，必會影響其他人的士氣。所以，要麼責令其「回爐」接受再培訓，要麼開除，以免他們拖整個團隊的後腿。

需要注意的是，阿里巴巴的「二七一」績效考核原則，是採取員工自我評估與主管評分相結合的模式。當考核成績在三分以上或〇．五分以下時，必須羅列具體的案例來解釋如此評分的原因，否則考核成績不被承認。當主管替員工做完考核後，要和他們進行溝通，討論績效中存在的問題。假如員工覺得不公平，可以向人力資源部反映情況。人力資源部則會檢查主管對該員工的考核內容，進而弄清成績是否公平合理。

應該避免的績效考核誤區

績效考核制度無疑是現代企業人力資源管理工作的主要工具，對公司發展有著至關重要的意義。但並不是所有的公司都能用好這個工具。很多企業領導者與人力資源管理者對績效考核的認識不夠全面深刻，容易在實踐過程中出現以下誤區：

1.績效考核定位不清，考核工作流於形式

所謂績效考核的定位，主要是指公司管理層想藉此解決什麼問題，達成什麼樣的管理目標。對績效考核的定位不同，將影響到考核指標及制度的設計，從而造成不一樣的結果。

績效考核的最終目標，是激勵員工實現公司的戰略意圖和使命而奮鬥不息。但最終目標是務虛的，績效考核是務實的。如果考核指標沒有明確的導向，員工就不知道該朝哪個方向努力。

比如，公司打算提高新產品的銷量，就應該在績效體系中增加對新產品銷售提成的考核，以激勵員工積極推銷新產品。又如，公司打算提高創新力，就要在績效考核中提高對創新行為的獎賞力度。有的公司領導嘴上說鼓勵創新，卻無視「試錯是創新的必經之路」這一客觀規律，不寬容失敗，只是一味地要求快出成果。這樣一來，員工為了避免創新風險帶來的利益損失，會選擇四平八穩的做法，毫無創新積極性。所以，人力資源管理部門在設計績效考核指標時，一定要明確公司的定位，不要制定自相矛盾的考核要求。

2.績效考核指標設計得不合理，缺乏科學性

評價員工表現最直觀的指標就是賣了多少產品、拉到多少訂單、贏得了多少客戶、研發了哪些新技術。這些考核指標都是可以量化的結果，誰好誰壞一目了然。但不同職位的員工工作方式差異很大，各有各的規律。這就需要人力資源管理部門在設計考績指標時，不能簡單粗暴地「一刀切」，必須適當地區別對待。

比如，銷售人員和研發人員的考核就不能混為一談。研發人員不像銷售那麼有彈性，消耗腦力更多，任務難度和風險大，容錯率要求較高，而且可能在很長一段時間裡，成果都出不來。如果用「一刀切」的方式考核，銷售人員可能經常拿提成，而研發人員直到新技術、新產品開發成功，獎金都不會太高。研發人員的付出與回報相差太大，肯定會讓他們心理不平衡。於是公司最終會走上重銷售輕研發的道路，毫無技術優勢可言。

最應該激勵的員工沒有得到充分激勵，會導致公司各方面發展失調。這就是績效考核指標設計不當而造成的後果。

3.績效考核週期設置不當，影響被考核者的日常工作節奏

很多公司都設有月考核、季度考核、年終考核，甚至還有週考核、每日考核。不同行業的情況大相徑庭，績效考核週期設定應該有所區別，但根據職位要求與考核目標，合理設置考核週期的規律是相通的。

馬雲曾說：「通常的戰略，要一個月評估，三個月檢查，一年微調，三年才能看結果。如果就檢驗今年的戰略效果，那不是戰略，而是戰術。」**公司發展戰略是需要時間來檢驗的課題，每個月評估進度，每個季度檢查完工率，每年調整戰略執行中遇到的問題，都是合理的考核方式。**

但這些考核方式，都不是以整個戰略的最終效果作為目的。

假如某些專案涉及範圍廣、運作週期長、參與人員多、投入資源多，考核週期就該設置得長一些，按一年、甚至一年以上的週期來評估業績。如果不是什麼大專案，運作週期短，參與人員和投入資源少，就可以採取較短的週期進行考核。

4.考核方式單一，無法準確反映完整資訊

通常而言，團隊主管考核下屬員工，總經理考核團隊主管，上下級管理關係與考核關係是一致的。也有公司會專門成立績效考核小組，針對單位中的某個員工或部門進行考核。這些常規辦法都很有實用性，但只採取單一的考核方式不足以獲得完整的被考核者的資訊。

想要做到全方位考核的話，除了上述手段外，還應該**從與被考核者有接觸的其他人那裡蒐集資訊，以便將多管道來源的資訊對比分析，從而得出更全面客觀的考核結果**。當然，這種全方位績效考核方式的成本比較高，通常用在公司重點考察對象上。

5.考核之後沒有跟進的配套措施

績效考核的目的，不僅僅是蒐集資料做成報告，還要根據回饋結果採取各種配套的改進措施。比如，前面提到員工培訓課程設計與幹部選拔，都是以績效考核的結果為主要依據，人力資源部門要結合新的績效考核結果來調整培訓內容，挑選需要提高綜合素質的培訓者。公司各級管理者在考核結束後，還應該與自己的團隊成員溝通，共同針對績效考核結果中暴露的問題提出改進辦法。如果績效考核之後，大家依然故我，就失去了考核的最初意義。

直擊阿里：有一次返聘機會的末位淘汰制

末位淘汰制是一種被世界五百強公司廣泛採用的績效激勵方法，在中國也有不少公司推行這種績效考核制度。

按照現代人力資源管理理論，末位淘汰制是一種負激勵性的強制管理手段。其基本原理是企業根據某種績效評估體系，對員工進行考核，無情地淘汰排名末位者。這種績效管理手段的理論依據是「壓力—績效」理論。根據管理專家的研究，員工的壓力水準與績效水準存在一定的關聯性，壓力過大或過小都會降低績效，當壓力適中時則能達到績效最大化。所以，許多企業通過控制工作的壓力水準來刺激員工的績效，末位淘汰制是其中最激烈殘酷的方式。

末位淘汰制最初並非企業管理制度，而是歐美某些高校的考試評分體系。後來美國通用電氣集團前總裁傑克．威爾許借鑑這種制度，創造了「活力曲線」績效管理機制，即按照工作表現把員工分為不同等級，排在末位等級的員工就會被解聘。由於傑克．威爾許設計的末位淘汰制，往往會淘汰表現最差的一〇%員工，故而又名一〇%淘汰率法則。

通用電氣推行末位淘汰制後，員工的整體工作效率大幅提升，為整個集團帶來巨大的效益。二十世紀九〇年代，中國企業也開始引進這種機制，以求激發組織的活力。

阿里巴巴內部也採取了末位淘汰制。馬雲曾經表示：「我們公司是每半年一次評估，雖然你工作很努力，也很出色，但你就是最後一個，非常對不起，你就得離開。在兩個人和兩百人之間，我只能選擇對兩個人殘酷。」

各部門按照前述的「二七一」原則考核員工的表現，一〇%低於期望的人都處於被淘汰的範圍。這使得阿里巴巴的員工都非常努力地達成績效考核目標。

末位淘汰制之所以有效，是因為它會激發公司的內部競爭。在沒有引入末位淘汰制的時候，全體員工都有保底的薪資福利，生存壓力不大，所以努力幹活固然掙得多，但懶散做事也餓不死，於是久而久之，大家的奮鬥激情都消亡殆盡了。特別是那些機構臃腫、人力資源冗餘的大公司，都會因此患上效率低下的「大企業病」，降低企業發展的速度，甚至使企業走向衰退。

引入末位淘汰制後，全體員工都有被淘汰出局的壓力，危機感迅速提升。這樣一來，每個人都會為了不成為最後一名而拚命工作，工作主動性與創造性都有很大的提升。

不少企業運用末位淘汰制裁汰了冗員、精簡了機構，減少員工利用制度漏洞偷懶的機會。重視小圈子社交關係的員工們，私底下喜歡集體把工作效率控制在中等水準，抱團營造「誰也不超過誰，你好我好大家好」的氛圍。末位淘汰制的壓力往往能破除這種阻礙效率提升的「人情世故」，讓他們彼此競爭、相互超越。於是，促進內部競爭的「鯰魚效應」[4]也被發揮到最高水準。

但是，末位淘汰制並非沒有消極作用，不是每個企業都適合採取這種機制，也不是公司的每個發展階段都適合執行末位淘汰制。如果不分時間、不分條件、不分對象地濫用此制度，就會造成員工壓力過大，反而會降低績效水準。而且，這種機制靠內部競爭來激發組織活力，若是操作不當，很容易變成團隊內部勾心鬥角的惡性競爭，工作效率不升反降。

此外，如果業務技能熟練、曾經表現突出的員工，因為一次績效考核排位下降就被淘汰，先不說感情上是否太冷酷無情，實質上也是對人力資源的浪費。按照強調「以人為本」

4 編按：鯰魚效應是激發員工活力的管理方式之一。可藉由招募新人或引進新技術等，提高企業與員工的能力。

的現代企業管理理論，末位淘汰制是一種不夠人性化的績效管理制度，無助於提高員工對公司的安全感與歸屬感。這與阿里巴巴強調「快樂工作」的公司文化價值觀無疑是相互抵觸的。

為此，阿里巴巴的末位淘汰制有了新的變化——員工被開除三個月內，還可以重新返聘回公司。

傳統的末位淘汰制是把被淘汰員工清洗出局，阿里巴巴的人力資源管理政策多給了一次機會，讓離職員工可以重回阿里巴巴工作。但也只有一次機會，不多給。也就是說，一個人有兩次機會成為阿里巴巴的員工，第一次被末位淘汰或主動離職都可以再返聘一次，但第二次離職無論什麼原因都永不錄用（注意，所有離職員工的工號都會被阿里巴巴無限期保留）。

阿里巴巴的這種做法有利於減少老員工流失，提高人力資源的利用水準。被返聘的老員工畢竟在阿里巴巴工作過，熟悉企業文化與業務，比新人融入速度更快。如果能通過返聘重新贏得他們對公司的忠心，就能更好地發揮他們的餘熱。這比一刀切的傳統末位淘汰制要高明得多，也利於阿里巴巴在「快樂工作」與加強績效考核之間保持平衡，兼顧員工的安全感與積極性。

拓展閱讀：華為的末位淘汰制

推崇「狼性文化」的華為公司，非常重視員工的幹勁，提倡能上能下的人才管理機制。其中最突出的就是末位淘汰制。

任正非在華為公司推廣幹部「選拔制」時強調：「我們繼續堅持『以客戶為中心，以奮鬥者為本』的文化價值觀。不奮鬥我們就沒有出路，華為一定要前進，前進就要讓那些不適合的幹部調整到合適的崗位上。我們對十二級及以下人員的考核做了改變，是絕對考核，但對十三級及以上的『奮鬥者』，我們實行相對考核。特別是擔任行政管理職務的人，我們要堅定不移地實行末位淘汰制，不淘汰你就會得到更多的利益，我們不能讓你坐享其成。責任和權力、貢獻和利益是對等的，不可能只有利益沒有貢獻。」

在他看來，不合格的幹部一定要撤換，絕不能養尊處優，要毫不留情地淘汰任何一位想以熬年頭來取得勝利的高層管理者。唯有這樣才對得起那些兢兢業業的「奮鬥者」，以及不斷為公司創造更多價值的「貢獻者」。

華為的末位淘汰制不同於其他大多數公司。

首先，華為的末位淘汰制主要針對行政管理者，其次才是普通員工，而且對前者反而更嚴格。

一般公司則相反，行政管理者的位置往往如鐵鑄般穩固，普通員工則因末位淘汰制而危機感十足。儘管這會刺激普通員工拚命工作，但對行政管理者顯然毫無激勵效果。華為不僅把員工末位淘汰制納入日常績效管理體系，同時將清理不合格幹部的政策制度化。

其次，華為每年要淘汰一〇％績效排末位的幹部，強調分層分級考核，每個層級不合格幹部的淘汰率都是一〇％。

不少公司對管理層的末位淘汰制，主要集中在基層幹部的層次，並不一定是這些人表現糟糕，有時是高層幹部把過錯推給下屬，讓基層幹部背黑鍋，以逃避末位淘汰制考核。

為了避免這種情況發生，華為採取兩種措施：一是對不能達到公司人均效益提升改進平均線的各級負責人究責；二是對超過平均線以上的部門繼續按照正利潤、正現金流、戰略目標的實現來排序，堅決淘汰排在末位的高層幹部。

再者，華為對末位淘汰的幹部並不是直接開除了事，而是經過後備隊的篩選後充實到其他部門，甚至讓他們回到一線工作。

任正非認為，那些被末位淘汰的後一〇%幹部，既然不適合擔任管理職，可以將他調整到更適合的職位。比如，被行政職位末位淘汰的幹部可以轉型做專家，或者自己去開華為專賣店，從基層重新幹起。這樣可以避免出現將多兵少的機構臃腫問題，充分利用現有的人才資源，也能為提拔有潛力的年輕幹部騰出餘地。

最後，華為末位淘汰制的處罰不講情面，堅持以「奮鬥者」為本，防止制度變成走過場的形式。根據華為公司的規定：已經在末位淘汰考核中降職的幹部，一年之內不得提拔，也不准跨部門提拔。任正非指出，華為不遷就任何人，就算是高級幹部與公司創始人，都在末位淘汰的考察範圍之內。

值得注意的是，華為末位淘汰制主要是將淘汰的幹部或員工調離原職，轉到另一職位繼續工作，或者經過內部培訓後重返職位。《華為基本法》還規定在經濟蕭條時期會啟用自動降薪制度，以免過多裁員造成大量人才流失。這些做法不僅是為了遵守勞動法，也是最大限度地利用人力資源。

有人批評覆蓋各個層級且淘汰率高達一〇%的華為末位淘汰制太過冷酷，不夠人性化，讓員工戰戰兢兢。但按照華為「以奮鬥者為本」的理念，末位淘汰制恰恰是為了淘汰那些不優秀、不努力的人，以便保護優秀員工的奮鬥熱情。

績效考核的本意就是獎勤罰懶，為企業「消腫」，提高公司的人均效益，保持更高的活力。末位淘汰制是各種考核制度中最嚴厲的一種，但如果沒有其他配套措施，只是單純地按比例淘汰一〇%的人，並不能真正發揮激發組織成員奮鬥熱情的效果。在這一點上，華為末位淘汰制和阿里巴巴的末位淘汰制都有著很大的借鑑價值。

CHAPTER 8

關係管理：確實地保障員工的歸屬感

對於許多人來說，職場關係是最主要的人際關係。職場上不順心的事，不是來自工作本身，就是來自主管、同事、下屬。良好的人際關係可以減輕員工的工作壓力，讓他們以更高的熱情和更積極的態度完成任務。

為廣大員工營造團結和睦的氛圍，是企業與生俱來的使命。阿里巴巴提倡「快樂工作」的理念，力求通過人性化的管理方式，表達對員工的關懷。在這種理念的指導下，阿里巴巴非常關心基層員工的日常生活，尊重他們的人格和勞動成果，甚至在公司遇到困難時依然不忘保障普通員工的利益。當全世界第一流的雇主，也是阿里巴巴的戰略目標之一。

尊重下屬，提高他們對組織的認同感

如果說績效考核管理是人力資源管理者必備的「硬功夫」，那麼員工關係管理就是必不可缺的「軟功夫」。沒有「硬功夫」威懾，員工將屈服於好逸惡勞的惰性，不會自覺地去吃苦耐勞、開疆拓土；但沒有「軟功夫」安撫，員工會把單位當成煉獄，感到心灰意冷，日子過得痛苦壓抑。

阿里巴巴強調企業文化價值觀建設，是為了提高全體員工的凝聚力。但**光是企業使命，還不足以增加員工對組織的認同感，更重要的是必須尊重員工**。馬雲曾說：「我們當年創業時，街上會走路的人都被我們招來，我們招不到優秀的人才，後來招進來的人才也離開了我們。最後，我們這些留下來的人逐漸使公司的品牌得到了提升、業務增長，我們吸引了更多優秀的人才來到這裡。雖然優秀的人未必真的管用，但是我們尊重他們，沒有他們，我們不可能走到現在。

……

你如果把自己看得低，別人就會高看你；你如果把自己看高了，別人就會看不起你。有人說我智商很高，情商很低。其實，情商低的人基本上是把自己看得很高的人。他們認為自己的智商很高，把人家都當成傻子。天下沒有傻子，我們眼中的傻子，只是沒有機會知道真實的情況，一旦你告訴他，他什麼都懂。你有了機會，有了各種機緣，才成為今天的你。」

領導者能成為領導者，必然有其過人之處。但是，領導者不能因此目中無人，對下屬態度不恭。

每一位員工都有自尊心，希望得到尊重。當員工感覺自己受到侮辱時，用再多的錢也無法消解他心中的怨恨。聰明的領導者總是恩威並施，在嚴明紀律的同時做到愛兵如子。同樣拿那麼多薪水，員工被領導蔑視時會失去工作熱情，員工被領導尊重時則會將心比心，以努力奮鬥來回報對方的真誠。

阿里巴巴把客戶放在第一位，員工放在第二位，但非常重視用尊重換取員工對組織的認同。馬雲曾經在某次員工大會中說：「今天，我們回過頭去看看當年離開的那些員工，他們跟你們有很大的區別，這種區別不是錢多少的區別，而是對文化的認同、對團隊認同的區別。我感謝大家前面幾年所做的努力，後面的路更長，如果你們相信公司、相信自己，我們在一起再奮鬥五年，看看可不可以做出一家偉大的公司。五年以後，如果大家想離開，跟我講，我一定會讓你們舒舒服服地離開。」

這番話可謂肺腑之言。大家一起再奮鬥五年，共同創造更好的局面，到時候去留自便，但公司永遠記住每個人的努力。阿里巴巴尊重員工的意願，合則同舟共濟，去則好自為之。阿里巴巴根據員工工齡的長短，給予不同的特殊稱號，讓全公司上下都知道老員工做出的貢獻。此舉也是想通過精神褒獎來提高員工對組織的認同感。

所有偉大的公司，都會有一批高度認同企業使命並願意為之奮鬥的忠誠員工。想要培養這種忠誠，就必須給予員工足夠的尊重。當初阿里巴巴的九大精神中就有「尊重」，這個傳統將繼續傳承下去，直到實現「做一百零二年的企業」的遠景目標。

能者多富，讓好員工過上好日子

公司希望員工為企業殫精竭慮，員工則希望公司為自己帶來維持生存發展的財力與機遇。雙方的立足點存在差異，利益並不完全一致。所以，公司和員工經常處於一種博弈狀態，都希望從對方那裡多得利益，而自己少付出勞動。由此導致的結果往往是，員工嫌棄公司「既想馬兒跑得快，又想馬兒不吃草」，公司嫌棄員工沒有激情、不守紀律、出工不出力。雙輸的局面誰也不想看到，但想要達成雙贏的話，公司管理層首先要瞭解什麼是「以人為本」。

人們勞動是為了生存發展，首先是生存，然後才是發展。從理論上說，每個人的全面自由發展是文明進化的終極方向。但在現實中，大部分人仍然為生存問題而拚搏，根本沒有多餘的心力去考慮發展問題，遑論全面自由發展。

所以，有遠見的企業不是空談價值觀，而是下足本錢讓那些勤勞建功的奮鬥者能實現發家致富的心願。**唯有讓好員工過上好日子，公司內部才能形成一個正向回饋的激勵機制**。馬雲對此有著清醒的認識。

他說：「每個人都要養家糊口，要買房買車，所以公司一定會考慮到員工的利益。公司是靠員工發展起來的，我們看到老員工，心裡有特別親切的感覺。五、六年前，我們聚集在了一起，希望十年以後，我們依然能聚集在一起，看我們真正達成了什麼目標，這才有意思。而現在一切才剛剛開始，這絕對不是阿里巴巴的終點，而是一個嶄新的起點。」

《華為基本法》是「以奮鬥者為本」，要求給予積極上進的員工更高的薪資待遇與更多的升遷機會，以達到重賞之下，必有勇夫的結果。阿里巴巴則信奉「發不出工資是領導者的恥辱」的觀念，同樣要求管理者善待那些為企業使命努力工作的員工。

阿里巴巴集團內部流傳著這樣一段話——作為一個領導者不要讓你的員工為了你而工作，應該是為了共同的目標或使命，或者一個理想去工作，也絕對不要因為領導者的人格魅力而工作。四個月不發工資不是魅力，是領導者的恥辱，你每次要判斷怎樣讓員工永遠有工資拿。

有的企業管理者嘴上說理想，實際上，並沒有在工資待遇上給予員工相應的回報。同樣是大談理想和使命，阿里巴巴卻要求領導者每次都要做出最有利於員工的決策。儘管阿里巴巴曾經表示不給員工任何承諾，但同時也強調任何優厚的回報，都是員工自己努力奮鬥的結果，而不是公司的賞賜。

時至今日，阿里巴巴高層管理團隊有不少人來自公司內部基層。工作五年以上的員工往往都有較好的生活水準，而且還經常會得到公司各方面的激勵。

馬雲在二〇〇七年十二月十一日「五年陳」大會的演講中說：「你們是阿里巴巴最精英的前線銷售人員，我並不希望大家回去以後跟下面的人說，同志們加油幹，每個人的業績必須翻一倍。畢竟是人，就算做死也不可能翻一倍。我希望大家做一件事——傳遞文化，這才是你們需要做的。如果你們希望把自己的股票留給子孫後代，將來股價能幾十倍、上百倍地增長，那你們就要傳遞文化，培養新人，讓新員工去幫你們賺錢，因為他們有使不完的力氣。你們要把以前的文化傳遞給他們，幫助他們成長，這樣，你們也會成長得愈來愈快。」

阿里巴巴把「客戶第一，員工第二，股東第三」作為「四項基本原則」之一。為了貫徹這個原則，公司會大力獎賞占績效總數一〇%的超出期望的優秀員工，並以此激勵另外七〇%符合期望的員工。讓有能力的人富裕起來，讓有能力的人獲得更好的發展，讓有能力的人過上好日子。唯有如此，公司的凝聚力才能不斷增強。

人性化管理，關心員工的日常生活

對於大多數職場人士來說，「快樂工作」聽起來像不著邊際的心靈雞湯。但在阿里巴巴，這並非一句空話。雖然阿里巴巴對違反價值觀的員工總是無情淘汰，但對於兢兢業業的員工則堅持人性化的管理。這既是對笑臉文化的貫徹落實，也是在執行「力爭做世界最佳雇主」的目標願景。

馬雲在二〇〇七年七月二十九日的阿里巴巴「五年陳」大會上說：「我覺得我們阿里巴巴『五年陳』的人開始老成起來了。三年前看到大家臉上都洋溢著笑容，但現在都感覺很苦。金庸的小說裡有一個境界最高的人，就是老頑童，人的武功是跟境界成正比的。老頑童的境界非常高，並且永遠開開心心的。我們不要忘了，阿里巴巴初創時設計的Logo，就是一個笑臉。我們走進公司就能感覺到一種愉悅的氛圍，而現在我們的老人都是暮氣沉沉的。我覺得大家應該開心點，雖然我們很辛苦，我們的對手很強大，導致大家變得很嚴肅，但嚴肅不會讓我們取得勝利。」

「五年陳」的設定是阿里巴巴集團的一大特色。只有年資滿三年的阿里巴巴員工才有資格被稱為「阿里人」。而那些工作滿五年的員工被公司賦予了一個極具阿里巴巴特色的稱號——「五年陳」。當一位阿里巴巴的員工達到「五年陳」的資歷時，公司會特意定制一枚有該員工名字的白金戒指作為榮譽象徵。

除了這種特殊的正式紀念外，阿里巴巴還要求各級管理者平時多關心自己的員工。

馬雲指出：「一個優秀的將軍、一個優秀的領導者永遠要知道自己的下屬出了什麼問題。如果你的下屬總共才六、七人，有人因為鬧離婚而心情不好，你都不知道，那就是你的錯。你為什麼沒有注意到下屬的問題，是什麼原因？領導者要學會自責。聰明的老闆會教下屬怎麼做，傻瓜老闆才會批評下屬。」

阿里巴巴為此把人力資源管理體系，打造成別具一格的「阿里政委體系」。阿里政委的日常職能之一，就是**關注員工的精神狀態，及時為他們排憂解難**。

此外，阿里巴巴員工還自發成立了一些興趣小組，號稱「阿里十派」。其中熱心慈善公益事業的員工組建了「愛心派」，喜歡外語和外國文化的員工組建了「英語派」，愛好羽毛球的員工組建了「羽毛球派」，喜歡討論汽車與駕駛技巧的員工組成了「車友派」。

「阿里十派」並非公司的正式組織，而是員工自發建立的非正式組織。通過這些興趣小組，阿里巴巴的員工可以在公司裡找到與自己愛好相同的玩伴。對於互聯網時代的年輕人來說，擁有更多共同語言的興趣小組，在自己的人際關係中占有很重要的地位。「阿里十派」讓員工們把同事與同類愛好者的身分結合在一起，從而讓公司上下的氣氛更加友好。

通過上述種種人性化管理的措施，阿里巴巴員工的幸福感增加了，笑容自然也會變多，工作更有幹勁，對公司也更忠誠。

人性化管理在工作壓力愈來愈大的今天有著至關重要的意義。假如員工長時間處於緊張狀態，不僅更容易疲勞，也更容易陷入抑鬱。沒有良好的身心狀態，人才是無法保持高水準作業的。

拓展閱讀：「員工就是合夥人」的沃爾瑪集團

二〇一六年，全球最大零售商沃爾瑪集團以高達四千八百二十一億美元的營業收入，再次獲得《財富》世界五百強排行榜的第一名。自從二〇一四年以來，沃爾瑪已經蟬聯三居冠軍。這家知名企業曾經在二〇〇四年度世界五十家最受尊敬公司排行榜中位居榜首，曾經被多個國家評為「最受讚賞的企業」之一。從某種意義上說，沃爾瑪最令人驚嘆的不是它強大的盈利能力，而是其出色的員工關係管理水準。不同於其他大小零售商，沃爾瑪從一九六二年創立之後不久，就堅持一個獨特的理念——員工就是合夥人。

沃爾瑪集團的創始人山姆．沃爾頓有句名言：「沃爾瑪業務七五%是屬於人力方面的，是那些非凡的員工肩負著關心顧客的使命。把員工視為最大的財富不僅是正確的，而且是自然的。」

為了貫徹「把員工視為最大的財富」的主張，沃爾瑪從管理制度的方方面面，確保了管理者與員工之間的平等關係。

首先，在平時的工作中，**沃爾瑪力圖讓全體員工都養成平等相待的思維慣性**。

每一位沃爾瑪員工的員工證上都不標注職務名稱，哪怕最高總裁也是如此。在山姆·沃爾頓看來，雖然存在管理與被管理的分工，但員工相當於合夥人，地位上是平等的。所以，大家見面時直呼其名，管理層不擺官架子，在日常交流中就淡化了等級觀念，把彼此視為共同事業的合夥人。此外，在沃爾瑪總部辦公室的停車場沒有給任何人設置固定車位，無論是董事長、經理或是普通員工的車，都被平等相待。

其次，**沃爾瑪的溝通機制對基層員工高度開放**。

沃爾瑪認為「接觸顧客的是第一線員工，而不是坐在辦公室裡的官僚」。所以，公司鼓勵每一位員工直言進諫，上至區域經理下至商店鐘點工，所有人都可以用書面或談話形式，與高層管理者進行溝通，甚至可以申請到總部直接找董事長山姆·沃爾頓。無論是提出改進工作的建議，還是傾訴自己遭受的不公平待遇，公司都會提供機會讓員工暢所欲言。

於是在沃爾瑪集團經常出現這種現象——董事長在總部親自接見來自各地的基層員工，並把他們的中肯意見下發到所有的沃爾瑪分店經理那裡，要求他們認真執行。這使得沃爾瑪員工的主人翁意識比一般的企業員工更為強烈。

最後，**沃爾瑪在精神激勵方面也力求滿足廣大員工被尊重的需求**。

沃爾瑪總部與各分店都會定期在櫥窗裡展示先進員工的照片，表現優異的管理者還將獲得公司特別授予的「山姆．沃爾頓企業家」的稱號。沃爾瑪的股東大會號稱全美最大的股東大會，但總部每次組織會議時，都盡量讓更多的部門經理與普通員工參與其中，以便讓他們充分瞭解公司的理念、制度、現狀、目標。山姆．沃爾頓甚至每每在會後，要求大約二千五百名與會人員到自己家裡野餐，從高級管理者到普通員工，各個層次的人都有。這些活動的錄影將被所有員工看到，而公司內部刊物《沃爾瑪世界》也會有相關報導。山姆．沃爾頓這樣做是為了拉近與不同層次的員工的距離，促進大家的凝聚力。

實際的利潤分享計畫

除了日常關係管理措施外，沃爾瑪在人力資源管理制度，特別是薪酬制度上也把員工當成合夥人來對待。

沃爾瑪員工的薪資結構是固定工資＋利潤分享計畫＋員工購股計畫＋損耗獎勵計畫＋其他福利。單看固定工資，沃爾瑪在行業內處於較低水準（為了壓縮人工成本），但利潤分享計畫、員工購股計畫、損耗獎勵計畫，把員工的實際收入提高許多。

沃爾瑪從一九七一年就開始實施利潤分享計畫，任何在公司工作一年以上或每年至少工作一千個小時的員工，都有分享公司紅利的資格。公司有個計算利潤增長分配百分比的公式，通常按照六％的比例來提留每一位滿足條件的員工的工薪，替員工買公司股票。當他們退休或離職時，就能以現金或股票的方式來獲得這筆紅利。有位一九七二年加入沃爾瑪的貨車司機，為公司工作了二十年。當他在一九九二年離職時得到了七十．七萬元的利潤分享金。按照當時的收入水準，已經不只是小富了。

員工購股計畫是員工可以通過扣除工資的方式，以低於市值一五％的價格來購買公司的股票。由於利潤分享計畫與員工持股計畫的大力推行，目前八〇％以上的沃爾瑪員工持有公司股票，可分享公司營業收入增加帶來的紅利。從沃爾瑪連續三年的營業收入位居世界第一的成績可知，受益的員工不在少數。

損耗獎勵計畫指的是，沃爾瑪總部會對那些有效減少損耗的分店發放獎金。沃爾瑪的核心競爭力是「天天平價」，這是以強大的物流與資訊體系，以及竭盡所能地減少損耗為基礎。公司不惜重獎激勵各分店想辦法控制損耗，回報員工的努力，也是「員工就是合夥人」理念的重要體現。這項政策使得沃爾瑪的損耗率僅為零售業整體平均水準的一半，競爭優勢非常明顯。

其他福利計畫主要包括員工疾病信託基金、員工子女獎學金、帶薪休假、借節日補助、醫療及人身保險等，這些福利計畫從一九八八年就開始落實。以員工子女獎學金為例，沃爾瑪集團每年會資助一百名員工子女上大學，每人每年六千美元，連續資助四年。

正是這種把員工當合夥人對待的人性化管理，讓全球各地文化差異極大的沃爾瑪員工都保持較高的積極性。他們為了削減成本、降低損耗、吸引更多顧客而動腦筋，提出許多改善公司管理的合理建議。公司採納這些合理建議後，營運效率獲得進一步提升，盈利水準也隨之上漲。而沃爾瑪的利潤分享等計畫又使得廣大員工能按照貢獻，充分享受到公司發展帶來的紅利。

這種良性迴圈的公司內部人際關係，是沃爾瑪能不斷前進、連續三年占據世界五百強榜首的重要原因。

高層篇

阿里巴巴的
幹部管理相關機制

高層幹部是企業的主心骨。
阿里巴巴不斷提升各級幹部帶團隊和管員工的
領導能力，避免重要職位出現人才斷層現象。
為了挽留高端人才、控制員工流動率，
阿里巴巴採取了自成一體的策略。

CHAPTER 9

幹部培養：領導者也要時常回爐深造

優秀的公司都是靠一群出類拔萃的領導幹部支撐起來的。因此，對幹部的管理和培養也是人力資源管理工作的重頭戲。

阿里巴巴要求每一位幹部都兼具眼光、胸懷、實力，保持高昂的工作熱情，對公司的發展目標忠誠。為了促進公司發展，阿里巴巴多次整頓幹部隊伍的風氣，甚至開除了一些滿足於吃老本而不思立新功的元老級員工。公司內部還採取輪崗制度，以便培養一批通才型幹部。與此同時，阿里巴巴還要求公司各級職位的領導者，都要以「一帶一」的方式培養自己的接班人，以確保幹部隊伍的新陳代謝能夠有序進行。這些措施使阿里巴巴的人才梯隊始終保持著活力。

領導力：眼光、胸懷和實力缺一不可

每一個偉大的跨國集團都是由幾個人的小公司發展而成的。這些公司在創業之初都缺乏雄厚的資金與穩定的客戶資源，也沒有得到市場認可的先進技術，唯一拿得出手的只有人才資源。優秀的人才可以開發出世界領先的技術，以及開拓海量的客戶，並且爭取到風險投資家的青睞。於是，通過創業人才的艱苦奮鬥，原本微不足道的公司不斷抓住一個個商機，壯大自己的規模，最終發展成為令人矚目的知名企業。

毫不誇張地說，人才資源是企業最寶貴的戰略資源。只要擁有一批優秀的幹部人才，公司不愁沒有前途。

阿里巴巴的發展歷程也證明了這點。昔日擠在民宿裡埋頭苦幹的創業十八羅漢，如今已成為阿里巴巴集團旗下各部門及子公司的頂梁柱，繼續帶領各個事業群組開拓新的詩篇。

在幹部培養方面，阿里巴巴一直抓得很緊，並有一套自成一體的理論。想要在阿里巴巴當領導者，必須在眼光、胸懷和實力三個方面超過其他人。

馬雲曾經對公司的大小管理幹部說：

「我認為，領導者的眼光、胸懷和實力是最重要的。這些年來，我一直堅持這樣的想法。領導者的眼光放不開是不行的，我們跟別人比賽，比的是誰看得更遠，誰看得更高。生意愈來愈難做，眼光看得更遠，走得就更遠。企業要用各種各樣的人，而有能力的人往往都有一點古怪，所以領導者的胸懷要能容納千軍萬馬，最怕的是跟員工比誰聰明。

我現在不跟員工講電子商務，因為我講不過他們，他們天天用，淘寶網和支付寶的功能是如何做的，如果我都懂的話，我不是超人就是騙子。作為領導者，你一定要明白，每個領域都有比你更懂的人。」

現代企業管理理論中，有不少關於領導力素質模型的論述，從不同的角度探討幹部的領導力由哪些方面構成。

比如，美國心理學家麥克利蘭提出的素質模型，包括六大「素質族」並細分為二十一項通用素質要項；管理者勝任特徵模型主要通過管理技能、個人特質和人際關係三個維度，來評估領導幹部的綜合素質；四種能力論則根據自我管理能力、人際關係能力、領導能力與商業能力，來判斷領導者的水準。

相對而言，阿里巴巴的領導力理論簡化為眼光、胸懷和實力三個方面，更符合中國人的思考習慣。

阿里巴巴的領導力模型

在大多數人眼中，領導者首先是以實力服眾的。如果領導者個人能力不佳，辦事缺乏主見，下屬們就不會心甘情願地執行指令，而會架空領導者。但只靠個人能力鎮住下屬，也未必能樹立起足夠的威信。因為單打獨鬥與團隊管理是兩種完全不同的能力，個人能力突出也許就只是個業務高手，大家佩服其實力，但不見得會服從管理。這時候就需要領導者以如海的胸懷駕馭眾人，用人格魅力使他們折服。從某種意義上說，**領導者的胸懷有時候比實力更重要。**

有實力的人往往會有傲氣，難以包容不如自己的人，也不服超過自己的人。但胸襟廣闊者能包容形形色色的人，成為協調眾人的主心骨與黏合劑。這對一個團隊非常重要。如果領導者沒有容人之量，老是打壓比自己能幹的下屬，就無法善用每個人的長處，只會讓整個集體變得人心惶惶、四分五裂。所以，有些領導者可能業務能力中規中矩，但氣量之大令所有人都信服，於是被大家誠心認可，願意為之貢獻聰明才智。

馬雲說：「領導者的眼光和胸懷很重要，我們公司考核主管和幹部的時候，有三個指標——戰略、團隊、結果。戰略是跟使命感結合在一起的，戰略就是你想幹什麼，而不是別人想幹什麼，誰是你的客戶，你想提供怎樣的服務。中國人很喜歡講戰略，我到現在也沒搞清楚什麼是戰略，我只知道誰是我服務的對象，如何為他們服務好。」

這句話說起來容易，做起來難。在阿里巴巴的領導力模型中，眼光是很難修煉的一項。領導者的眼光主要體現在兩個方面：一是**看清形勢**，二是**看準每個人**。領導者作為團隊的負責人，把握著整個集體的前進方向。看清當前及未來的形勢，制定可行的戰略方針，是領導者的天然使命。假如領導看錯路，團隊的精兵良將們再能幹也是無力回天。領導者帶隊伍很多時候不是靠自己帶頭衝鋒，而是用好團隊中的每一個人。假如識人不明、用人不當，不但會造成無謂的失敗，還會挫傷其他團隊同伴的積極性。

所以，選拔和培養幹部必須兼顧眼光、胸懷和實力三方面，使之具備優良的綜合素質，形成足以令廣大員工信服的領導力。

整頓隊伍，革除元老級「障礙」

一個人變得優秀不難，難的是一輩子保持優秀。這個世界變化太快，曾經縱橫四海的佼佼者也可能隨時落後於時代，變成襯托新一代英雄的背景板。所以，想要保持自己的先進性，唯有樹立終身學習的觀念，不斷革新自己，與時俱進。

遺憾的是，並不是所有人都具備這種前瞻意識。有些元老級員工會沉醉在昨日功勞中不可自拔，完全失去了當年創業時的激情與銳氣，思想作風變得保守迂腐，成為團隊進一步發展的阻礙。

馬雲曾經對「五年陳」員工講過：

「偉大的人和不偉大的人區別是什麼？大家都要死的時候，你再往前挪一步，人家都倒下去了，你還站在那兒，你就算偉大的人。你們比絕大多數人都厲害和偉大，因為當時加入阿里巴巴的那麼多人都放棄了，而你們沒有放棄。既然不放棄，為什麼不讓自己往前走？

在我們上市之前，我最擔心的是你們這些老員工，我理解你們，你們跟我一樣，真的很累，但我希望這種累不要變成心理上的累、行為上的累。很多人看著你們，如果有人說這個老員工每天不幹活兒，還占著位置不肯走，當這種情況出現的時候，公司的災難就來了。」

人的激情會隨著時間而衰退，這是再正常不過的事了。所以，事業心強的人總是會不斷為自己尋找新目標，保持自己的奮鬥熱情。但是，當一個人獲得了很多財富和地位的時候，努力改變命運的緊迫性會下降，思維方式可能會變得保守僵化，做事也畏首畏尾。這樣，對於公司發展的積極作用就會大大減少，也沒有勇氣和決心去解決影響公司未來的隱患。

高層也不能違背核心價值觀

前面提到的阿里巴巴在二〇一一年的高層人事變動，就是一個很深刻的教訓。

不得不引咎辭職的阿里巴巴集團前執行副總裁衛哲並不缺乏工作熱情，也依然是阿里巴巴價值觀的追隨者。哪怕是他辭職後，馬雲都堅持認為他是一個好兄弟、一個好人。阿里巴巴其他高層管理者也曾向記者證實過，馬雲對衛哲的欣賞。在阿里巴巴高層看來，衛哲個人的價值觀並無任何問題，唯一的問題是他放鬆了對B2B公司價值觀的宣傳與對員工違規行為的監督。

在馬雲察覺B2B員工勾結商家作弊的情況前，衛哲並不是不知情，也不是沒處理。然而，他只是滿足於把作弊商家的比例從一．一％降至〇．八％。這在電子商務同行中其實屬於較低的水準，不算太嚴重。此外，衛哲並不清楚哪些員工與作弊商家勾結，說明他並不打算斬草除根。

因為，衛哲雖然擁護阿里巴巴的價值觀，但並不像馬雲等創業元老那樣把價值觀當成一觸即亡的高壓線，更多時候是按照職業經理人的思維方式去看問題。所以，他只是把這些負面現象控制在比同行較低的水準，而沒想過要嚴格執行公司的價值觀。

根據關明生負責的「客戶資質獨立調查行動」向董事會彙報的審計結果顯示：二〇〇九年和二〇一〇年，分別有一千二百十九名、一千一百零七名阿里巴巴會員涉及詐騙全球買家，而且有跡象表明，為了做出業績，有員工默許甚至參與協助那些欺詐公司規避認證環節，加入阿里巴巴這一平臺。

由此可見，就算涉嫌欺詐消費者的商家在阿里巴巴會員中占的比例很低，數量也是相當驚人的。正所謂千里之堤，潰於蟻穴。

馬雲評價此事：「假如六個月以前，B2B管理層是像我今天這樣處理事情（即成立特別小組祕密調查），他們今天就不是這樣的結局；假如我今天看見了，我不這麼處理，而像他們那樣熟視無睹，六個月以後董事會應該把我開了，我應該引咎辭職。很簡單，這就是遊戲規則。」

而衛哲自己也在公司內部信件中說：「我加入阿里巴巴四年多，已經是三年的阿里人，正在走向五年『阿里陳』！這四、五年裡，我刻骨銘心地體會到以客戶第一為首要的阿里巴巴的價值觀是公司存在的立命之本！儘管我們是一家上市公司，但我們不能被業績所綁架，放棄做正確的事！」

阿里巴巴在二〇〇六年年底招攬了衛哲，他在此之前被評為二〇〇四年度「中國七大零售人物」和二〇〇五年度「中國零售業十大風雲人物」。他進入集團的時間並不長，但已經具有元老級人物的實際影響力。其實阿里巴巴高層至今對衛哲的能力與勤奮評價仍然很高，但公司發生如此嚴重的違背核心價值觀的行為，必須有領導者站出來承擔責任。

假如沒有魄力剷除阻礙公司發展的因素，昔日功臣也可能變得晚節不保。此中教訓，發人深省。經過這次整頓，阿里巴巴B2B事業浴火重生，堵上了很多漏洞，也再一次讓整個管理層重新認識了「客戶第一」與「誠信」兩大核心價值觀。整頓的過程雖然痛苦，但結果可以告慰眾人。

輪崗制：培養通才型領導者

人力資源管理學中的領導力模型，要求領導者擁有全面的綜合素質。由於現代企業營運愈來愈複雜、專業分工愈來愈細緻，過去那種面面俱到的通才型領導者很難再出現，只能用優勢互補的完美團隊代替個人英雄。但過於專注單一業務的領導者，視野比較狹窄，能力不夠全面，有很大的局限性。

阿里巴巴的企業組織結構比較靈活，經常把高層管理團隊派去經營一個新的事業群。只是專精一域而不管其他的領導者無法承擔這副重擔，唯有通才型領導者才能獨當一面。

為了培養通才型領導者，也為了避免各部門產生本位主義的局限，阿里巴巴高層管理團隊採取輪崗制，隔一段時間就讓不同的高層管理者調換職務。

比如，鄧康明在進入阿里巴巴前是負責人力資源管理工作，加入阿里巴巴後也做了一段時間，在二〇〇六年初改任主管管道和大客戶的事業部總經理，變成銷售幹部。有趣的是，他被招攬到阿里巴巴人力資源部，是為了接替某位換到銷售部門的創業元老，公司這次輪崗又把那位元老調回來主抓人力資源工作。

阿里巴巴創業十八羅漢之一的戴珊，先後輪換過銷售、市場推廣、人力資源等十一個不同的崗位，後來擔任阿里巴巴集團CCO，領導新成立的集團客戶服務部。

二〇〇七年有四位阿里巴巴高層管理者辭職，公司隨即來了一次大規模輪崗。支付寶總裁陸兆禧接替辭職的孫彤宇，擔任新的淘寶總裁，集團資深副總裁金建杭接替中國雅虎CEO曾鳴，原先從集團參謀部調到雅虎的曾鳴則恢復集團參謀長的原職。

二〇〇九年，阿里巴巴一下招聘了五千多名員工，此後集團的人力資源淨增速度一度放緩。到了二〇一二年時，阿里巴巴共有二萬五千多名員工，平均年齡在二十七歲左右。龐大的新員工隊伍為集團注入了新鮮血液，也使得阿里巴巴把重心放在消化新增力量上，對中高層職位進行了又一次大輪換。

二〇一二年三月份，阿里巴巴對二十二名中高層幹部進行調崗，很多人都換到了與此前業務差異很大的新職位。

阿里巴巴主張各部門的員工通過輪換，來瞭解其他職位的運作情況。讓銷售人員到後臺，讓後臺到前臺，集團各個事業部的業務經理也定期在國內不同區域市場調動，借此掌握更多業務技能，開闊視野，擁抱變化。

當然，實施輪崗制度並不是沒有弊端。

每個部門領導長期經營某項業務和某個區域市場，輕車熟路，功勳卓著。一旦換到陌生的新職位，此前積累的所有成果都要拱手讓人，而自己又得重新學習業務，從頭開始打拚基業。這在短時間內會讓許多中高層幹部的個人利益受損，而且在大輪崗後公司業務的增長會在短期內有所放緩。

但是，這項制度可以幫助阿里巴巴的中高層幹部獲得更好的成長，全面提升他們的綜合素質。同時，可以幫助中高層幹部對整個集團的運作有更完整的瞭解，並學會換位思考，提高各部門之間的協作水準。

阿里巴巴堅持以輪崗制培養通才型領導，鍛鍊出一支能夠適時配合調度的大將團隊。

「一帶一」地培養各級接班人

二〇〇七年六月十三日，馬雲曾在阿里巴巴英文網站發表一番談話。他提到：「這兩年，阿里巴巴碰上的最大、最頭痛的問題，就是我們管理層的領導力開始嚴重減弱。但是，我們現在沒辦法，我們的戰線拉得稍微長了一點，大批人進了淘寶、支付寶、阿里軟體，還有大批人在雅虎上花時間，所以我們管理層的整個團隊非常薄弱。」

針對管理層領導力下降的不利局面，阿里巴巴董事會當時發布了一道命令：在未來五個月內，集團的B2B人才一律不得向其他外部公司調動，哪怕是把一名普通員工調到外部公司，也必須經過集團CEO批准。

由此可知，高速發展讓阿里巴巴高層人才一度出現嚴重缺口。當初公司規模小的時候，精英集中在B2B團隊，辦事效率最高。而這些精英放出去獨當一面後，阿里巴巴最核心的B2B團隊整體素質下降，新補充進來的人未能迅速填補那些精英留下的空白。

經過這次教訓，阿里巴巴董事會高度重視各級管理職位的接班人問題。但並不是每一位幹部都有主動培養接班人的意識。

馬雲對這種現象批評道：「企業都很擔心掌握核心業務的員工走掉，如果這個人走掉了，業務就沒有了。有時候，經理的權力比總經理還大，因為他掌握了很多業務。中國的很多幹部都是義氣幹部，上面的領導一下來，他頂著；下面的事情，他幫手下的人扛著。還有一些人是勞模[5]幹部，本來每天幹十個小時，領導讓他當了經理，他覺得領導喜歡自己，當上了經理，每天幹十二個小時。我要求我們的幹部管理團隊在問題發生之前就把問題處理掉。如果你今天做的工作，只是為今天而做，那就很危險，你做的任何決定都要基於公司三至六個月之後會發生的情況。」

阿里巴巴既不需要把什麼問題都攬在自己身上的義氣幹部，也不需要只想著努力回報上司而不去栽培下屬的勞模幹部。假如找不到代替你的人，你將失去成為上一級領導的機會。

為此，**阿里巴巴希望各級管理職位的幹部都有「從公司內部找到超過自己的人」的胸懷與意識，主動為公司發掘人才，培養自己的接班人**。按照馬雲的設想，各級職位的管理幹部就算到外地出差六個月，也能讓代理工作的接班人把部門管得井井有條，才算得上是會用人和提拔人的領導者。

幹部是建立組織的火種，只有大量儲備幹部，組織才能保持強大的戰鬥力，避免因擴大規模而造成整體實力的下降。

通過讓各級幹部「一對一」培養接班人，阿里巴巴的人才梯隊愈來愈壯大。這使得集團在快速擴大業務規模的同時，不再出現各事業群爭搶人才資源的窘迫局面。各個職位都有足夠強大的替補隊員，填補原領導離任後的空白。就算老功臣離開了，新幹部也能繼續保持部門團隊的高效率，不至於造成業績下滑。

5 編按：指工作成果優秀的勞動模範。

拓展閱讀：IBM長板凳計畫與全球選聘CEO

美國的棒球場旁邊總是放著一條長板凳，上面坐滿了替補球員。假如比賽過程中需要換人的話，長板凳上的第一名替補隊員就會被換上場，而原先排第二位的隊員則自動移到第一個位置，其餘的替補隊員也依次移動位置。由此空出來的座位屬於剛剛被換下場的隊員，於是這條長板凳始終保持坐滿人的狀態。每到下一次換人時，所有坐在長板凳的隊員又如法炮製，有序地改變位置。

IBM公司受此啟發，把自己的管理職位接班人培養機制稱為「長板凳計畫」，取其依次有序增補空位之意。

每個知名企業都會從內部員工中培養新的幹部。IBM公司的「長板凳計畫」正是一個典型的內部培養接班人計畫。公司要求管理者必須確定自己的職位在未來一至二年，以及三至五年的接班人，並保證每個重要職位都有二個以上替補隊員。

長板凳接班人計畫有著成熟的體系，具體包括四大內容。

首先是考察標準。根據領導力模型下分的四個方面來考察和培養接班人，包括：

（1）必勝的決心，含行業洞察力、思維創新能力、達到目標的意志力三項素質。

（2）快速執行的能力，含團隊領導力、直言不諱的溝通、團隊精神、決斷力四項素質。

（3）持續的動能，含培養組織能力、領導力、工作奉獻度三項素質。

（4）核心策劃，主要指找出公司內部有潛力的員工，並能有意識地培養他。

其次是兩個培訓序列。IBM的接班人分為行動序列和專業序列兩個體系，培訓系統也根據專業技術人才，以及有管理潛質的人才兩大類型來設置不同的系列，讓接班人根據自己的情況，選擇成為技術領導或高級主管等不同職業的發展方向。

再次是三種培訓方式。主要分為案例培訓、實踐訓練、明日之星培訓三種模式。案例培訓方式是通過案例講座與角色模擬訓練，鍛鍊接班人的技能。實踐訓練主要是老員工對新員工進行「傳幫帶」的「良師益友」計畫、「特別助理」計畫、「外派到客戶」學習，以及職位輪換等措施。「明日之星」的培訓是按照「新人—專業人員—領導人—新時代的開創者」的模式層層遞進，為IBM不斷發掘「明日之星」。

最後是評委審定接班人。由技術、市場、銷售等多個部門的高級經理聯合組成評審委員會，對公司的「明日之星」進行評審。候選接班人要通過答辯才能成為正式的高級專業技術人員或高級管理幹部。比較有意思的是，IBM評審委員會對接班人業績的考核包括候選接班人自己的業績與幫助下屬成長的業績。

IBM每年要從全球五千多名管理者，篩選近三百人重點培養。根據上述內容，培訓分為四個階段：第一階段，訓練入圍者的各種業務技能；第二階段，通過橫向輪調，積累他們在不同職位上的工作經驗；第三階段，是以業績導向為主的考核；第四個階段，要求他們把個人成功上升為團隊成功。

進入二十世紀九〇年代後，不可一世的IBM卻陷入崩潰的邊緣。一九九二年，IBM虧損了五十億美元。儘管有嚴格的「長板凳計畫」，但偌大的IBM公司依然找不出足以扭轉乾坤的內部人才。

迫不得已，IBM放下身段，向全球招募CEO。最終，郭士納從一百多名應聘者中脫穎而出。他在一九九三年愚人節那天，從前任總裁埃克斯手中接過大權，擔任IBM董事長兼CEO。

當時IBM正面臨著被肢解的危機。郭士納臨危受命的第一年，IBM就虧損了八十一億美元。作為「空降兵」，郭士納面臨著來自企業內部保守派與外部輿論的雙重壓力。他力排眾議，大幅削減營運成本，說服董事會對公司進行結構重組。

郭士納大刀闊斧地廢除了各項僵化的制度，砍掉了許多不必要的會議，採用股票期權和金錢獎勵來激發員工的工作積極性。

在郭士納的努力下，ＩＢＭ公司在一九九四年扭虧為盈，盈利多達三十億美元。自此以後，ＩＢＭ連年豐收，重返巔峰。二〇〇二年年底，大功臣郭士納宣布退休時，ＩＢＭ的股價上漲了十倍。

CHAPTER 10

溝通機制：
交流是最有效的感情投資

溝通在人力資源管理中發揮著重要作用。公司這種正式組織內部，存在著形形色色的非正式組織，有時後者比前者的實際影響力更大。因此，人力資源管理必須做好溝通工作，通過情感聯絡贏得員工的支持，掌握公司各方面的動態。這樣才能改善公司的管理水準，提高全體員工的工作效率。

提倡「快樂工作」的阿里巴巴自然也不會忽視溝通問題。隨著阿里巴巴不斷擴張，特別是併購了一些企業後，大量新員工的集體加入會引發「文化稀釋」現象，他們此前的企業文化與阿里巴巴的價值觀念存在不同程度的衝突。唯有暢通的溝通機制，才能加深他們對阿里巴巴文化價值觀的認同，從心理上成為真正的「阿里人」。

用欣賞的眼光看其他同伴

溝通在人力資源管理工作中有著至關重要的作用。無論是組織內部對人才的管理，還是協調與其他部門之間的關係，都離不開暢通而有效的溝通機制。當一個企業的溝通機制足夠健全時，管理層才能全面瞭解員工們的思想精神狀態，發現他們的潛力與不足，及時化解矛盾，增強團隊凝聚力。

從某種意義上講，溝通是最有效的感情投資，要做到這點就必須學會用欣賞的眼光看待其他同伴。傲慢的態度是溝通第一大忌。大家對自己看不起的人肯定是「話不投機半句多」，對自己尊重的人則恨不得聊上三天三夜。抱著尊重和欣賞的態度與員工交流，是阿里巴巴幹部的必修課。

馬雲曾經對員工強調：「領導者要謙虛，要懂得尊重別人，用欣賞的眼光看別人。……他最有魅力的一招兒不是他的語言，而是他跟人講話的時候，不管對方是誰，他的眼睛都注視著對方，讓人感覺這麼高高在上的人，卻那麼平凡。領導者要體現出自己的價值，你要讓你的團隊感受到來自你的強大支援。絕大部分人對現狀都是不滿意的，當你真正要改革的時候，提出意見的一定是他們，而且身體力行地支援改革的也一定是他們。」

領導者肯定有很多比普通員工優秀的地方，但每個員工也有自己的優點，其中某些人說不定還隱藏著成為高級幹部的潛質。**假如領導者沒有謙虛精神，不懂得欣賞他人，就無法真正看清下屬的實力和潛力，從而無法充分利用他們的聰明才智**。當員工的潛力被壓抑時，整個團隊的實力將會不斷退步。

阿里巴巴倡導以人為本的精神，要求各級管理幹部對員工常懷感恩之心，甚至把員工的利益排在股東之前。在這點上，馬雲一直在為眾人做表率。

馬雲感慨道：「阿里巴巴走到現在，經歷了很多坎坷，我非常感謝阿里巴巴的銷售人員，是你們一點一滴的努力，使阿里巴巴有了今天這樣的影響力。或許有些人大學一畢業就加入了我們公司，一做就是很多年，我相信大家一定感到過疲憊，感到過厭煩，或許還遭到過家庭的埋怨，經受了很多誘惑，能堅持下來，而且做得這麼好，真的很不容易。我看到有些人老了很多，也成熟了很多。你們是阿里巴巴最珍貴的脊梁，很多人看到你們還在我們公司，心裡就有底氣。我也是如此，如果我到各個辦公室，看到的還是你們這些人的臉的話，我就知道，不管遇到什麼困難，阿里巴巴都會扛過去的。」

在多次內部談話中，馬雲都把自己說成是普通人，把成功歸因於員工的能力與抓住了市場良機。這種欣賞其他同伴的謙虛態度，不僅讓員工士氣振奮，也讓阿里巴巴集團貫徹了培訓新人時「溝通無界限」的觀念。上下同心同德，企業自然會無往不利。

阿里巴巴有個響亮的口號——「我們都是平凡的人，在一起做一件不平凡的事。」自認平凡並非看輕自己，而是堅持謙虛為懷，學會尊重他人，欣賞同伴。大家相互欣賞，相互勉勵，為了共同的目標而並肩作戰，成就不凡。這是最佳的溝通效果，也是阿里巴巴一直以來的努力方向。

外行可以領導內行，但前提是尊重

古今中外有很多事業就敗在「外行領導內行」這點上。外行的領導有決策權卻不懂業務，很多決定都是拍腦袋想出來的。而內行的人沒有決策權，只能按照指令辦事，沒法讓公司的事業回歸正常的軌道，也無法充分施展自己的才能。最後的結果，通常是外行的領導把失敗的責任都推給下屬，然後繼續拍腦袋決策。而內行的員工跳槽到競爭對手那裡，反倒做出了一番成績，把原公司逼到死角。

所以，有遠見的企業都會盡量避免外行領導內行的情況，提拔管理幹部時非常挑剔其專業能力。這種做法在互聯網公司十分常見，比如騰訊、百度、奇虎三六〇等國內互聯網領軍企業的創始人，幾乎都是工程師出身。也正因如此，公司發展得到了充分的智力支持，沒有陷入外行決策者反覆瞎折騰的怪圈。

相比之下，阿里巴巴就是互聯網行業中的異類。其創始人馬雲並不是技術人員出身，甚至並不比某個開淘寶網店的小商販熟悉電腦操作。對於這點，他自己毫不避諱。

馬雲在一次演講中提到：「到今天為止，我幾乎是一個電腦盲，我只會收發電子郵件和上網。很多技術專家經常把技術看得非常重，我一直覺得，不懂技術沒關係，真正的技術從來都是為不懂技術的人服務的，我們這些不懂技術的人創造了全球最大的電子商務公司，所以我認為外行是可以領導內行的，關鍵是要尊重內行。」

外行領導內行現象產生的原因之一，是社會分工差異。所謂外行的領導，在管理方面往往是一個內行，只是他們不見得懂具體的技術和業務。

以馬雲為例，他不懂互聯網技術研發，但他非常瞭解中小企業的互聯網需求，也清楚電子商務的發展方向該往哪裡走。最重要的是，他是個組織管理專家，能夠掌控好企業整體營運，讓不同職位上的內行專家圍繞統一的戰略目標工作。他是管理上的內行、技術上的外行，但搞研發的工程師是技術上的內行、管理上的外行。假如管理者不尊重工程師在技術領域的專業性，就變成了「技術外行＋管理外行」的最糟糕搭配。

反之，如果管理者充分尊重工程師，讓他們放手發揮自己的技術專長，就形成了「管理內行＋技術內行」的格局。不懂技術的馬雲能把一個小公司發展成全世界最大的電子商務公司，其實靠的是專業的管理技能。從這個意義上說，這不是外行領導內行，而是不同類型的內行人士搭配而成的強強組合。

遺憾的是，**不少領導缺乏這種分工合作的意識，妄圖自己搞定所有的事**。對於這種錯誤的做法，馬雲給出非常有借鑑價值的管理經驗。

他說：「我常常想，為什麼我不懂技術，還搞了一家技術公司，而且快快樂樂的？我從來沒覺得自己不懂技術是一種恥辱，或者為此感到難為情。我覺得外行是可以領導內行的，不懂沒關係，關鍵是要尊重內行。我從來不跟工程師吵架，他們講的東西我聽不懂。他們說，你怎麼這樣想？我說對不起，我是你們的老闆，我覺得我的想法代表了中國八〇%不懂電腦的人的想法，你們只要做出我會用的東西，就成功了。至於怎麼做，我從來不干涉他們，因為我也聽不懂。」

工程師由於技術水準太專業，很難體會到普通用戶的感受。而馬雲熟悉普通用戶的特點，彌補了工程師的思維盲點。這在工作中就形成了一種互補性。但他不會在技術領域冒充內行，提出了設計要求後，就讓工程師們按自己的方式放手去做。因為馬雲知道，胡亂插手只會把事情變得一團糟，信任工程師的專業能力，既能提升下屬的士氣，又能讓自己省心省力，何樂而不為呢？

正是這種充分尊重內行的溝通方式，讓「外行」的馬雲能管理好各式各樣的「內行」，維持了阿里巴巴團隊的流暢運轉。若非如此，非技術人員出身的他也無法成就今天的事業。

避開「雞同鴨講」的溝通誤區

互聯網生活的節奏深刻地影響了大家的工作習慣，最主要體現在我們的思維愈來愈碎片化，溝通交流也愈來愈缺乏耐心和細心。

層出不窮的社交媒體讓人們的溝通手段愈來愈豐富，卻又讓大家變得愈來愈話不投機。許多互聯網用戶在社交媒體上指點江山、激揚文字，卻經常對他人發布的內容斷章取義，大加撻伐。其實細究起來的話，很多爭論只是由於溝通不暢造成的誤會，只要耐心溝通就可以避免。遺憾的是，參與對話者往往只顧自說自話，不注意理解對方的意思，從而陷入「雞同鴨講」的溝通誤區。

「雞同鴨講」是廣東俗語，意思是雙方無法正常溝通、相互理解。如果一個企業內部各團隊屢屢出現配合不力的問題，很可能是因為存在「雞同鴨講」的現象。各方不知道該如何協作，也無法讓其他部門瞭解自己的實際情況，都只是站在自身的角度看問題，把責任推給別人。這樣的公司就算擁有很多精英人士，也形不成合力，事業就會寸步難行。

阿里巴巴自成立開始就是一個非常國際化的公司，擁有來自多個國家和地區的精英團隊。如何讓多元化的人才之間保持良好的溝通，是一個必須重視的問題。

馬雲曾經在員工大會中說：「最關鍵的是，領導者要跟你的團隊充分溝通。一個埋怨上級的人，你永遠不能提拔他。比如說老闆是混蛋，再混蛋，做你老闆也是有道理的。埋怨平級和埋怨下級的人，你也要讓他們離開。」

這段話恰好指出了團隊內部溝通的三個維度：與上級的溝通、與下級的溝通、與平級的溝通。

與上級的溝通主要包括工作彙報、接受指示、提出意見或建議內容。在溝通機制暢通的公司中，員工往往比較坦承，有問題時主動與上級溝通，而不是表裡不一地當面迎合、背後唾棄。比如，連續三年蟬聯世界五百強首席的沃爾瑪集團就鼓勵員工大膽進言，多為公司發展提合理意見。沃爾瑪的員工也以高度的責任心，為公司提出了無數改善工作的建議，成就了公司，也成就了自己。

與下級的溝通主要包括指導工作、聽取報告和建議等內容。有水準的領導總是能先一步察覺下屬的問題，與之進行心平氣和的溝通，不把問題積累到要靠發火懲戒的程度。他們還善於聽取意見，尊重下屬並且能激發下屬的工作積極性。

與平級的溝通主要包括與團隊中同等職位成員的交流，以及跟其他部門、團隊、專案組協調工作。這種橫向溝通不同於上傳下達的縱向溝通，更加考驗領導者的水準。精於此道者能夠協調好自己與平級同事之間的關係，促進部門甚至整個公司的潤滑運轉。

三個應該避免的溝通誤區

以上三個維度的溝通，在日常工作中都會出現。我們應當注意避開以下溝通誤區：

1. 不給對方說話的機會

溝通不暢的一大原因是無法充分表達意見。別人老是不給你發言的機會，你自然也無法與之「坐下來好好談一談」。所以想要加強溝通，首先得讓相關的人能夠暢所欲言。如果大家心中的想法不能充分表達出來，溝通根本進行不下去。

2. 不注意傾聽

所有「雞同鴨講」的無效溝通，本質上都是出在「聽」的問題上。不少人缺乏傾聽意識，不管對方的本意如何，只顧著表達自己的態度和情緒。沒有聽明白溝通對象所表達的意思，雙方是不可能在任何問題上達成共識的。

3. 缺乏經常性溝通

每個部門或團隊都有一定的獨立性，使得公司會自然而然地出現許多小圈子。想要做好一個專案，少不了各個小圈子之間的協調與交流。每個小圈子平時都有自己的一套工作方法，並不瞭解其他圈子的情況，他們未必會配合其他部門或團隊的要求。這就需要各個部門平時進行經常性溝通，讓各團隊成員清楚其他團隊的動態。

人力資源管理工作需要與公司內部方方面面打交道，所以，人力資源管理者應當比公司其他部門更加重視溝通問題，以便準確掌握公司發展動態與員工的情況。尤其是在招聘和培訓等環節，人力資源部門必須與提出用人需求的相關部門深入溝通，以確保招聘和培訓出來的人才，滿足其職位要求。

拓展閱讀：正式溝通與非正式溝通

按照現代企業管理理論，溝通形式可以分為正式溝通與非正式溝通。正式溝通指的是經過正式的規章制度及組織程序進行的溝通。非正式溝通則是在除此以外的其他管道所進行的溝通。

正式溝通主要有三種方式：

1.書面報告

書面報告的溝通形式有四個優點：

（1）簡單易行。

（2）表達的資訊最為完整。

（3）成本比較低，主要集中在查資料和寫報告等環節。

（4）當溝通人數和層級較多時，溝通比較快。

但這種溝通方式也存在三個缺點：

（1）溝通過程與報告的品質難以控制。

（2）時效性差，通常不會被立即答覆。

（3）不適合聯絡感情。

2.會議

這種溝通形式有利於領導者掌握各方面的資訊，也能拉近上下級之間的距離。當參與溝通的人數較多時，各種形式的會議有助於集思廣益、群策群力。但是，會議溝通的操作成本高，而且溝通時間較長。假如會議組織者表達能力不佳的話，反而會讓參與溝通的各方激化矛盾。

3.一對一面談

面談可以讓溝通更加全面深入，尤其是針對個別員工的特殊情況的溝通，面談可以保全他們的顏面或表示對他們的器重。不過，這種溝通形式非常消耗時間與成本，不適合與多人進行溝通。

總體來說，正式溝通的流程規範、嚴謹、利於保密、執行力強，但溝通形式比較刻板且速度慢。非正式溝通則靈活得多，而且成本低、時效快，但也存在資訊可靠性不高、溝通結果難以確保執行等缺點。

高明的領導者無不重視非正式溝通，並以此展現個人魅力，樹立自己在員工中的威信。比如，有「世界第一CEO」之稱的美國通用電氣公司前總裁傑克．威爾許，就十分重視非正式溝通。他在一九八七年向公司員工發表演說時指出：「我們已經通過學習明白了『溝通』的本質。它不像這場演講或錄音談話，它也不是一種報紙。真正的溝通是一種態度、一種環境，是所有流程的相互作用。它需要無數的直接溝通。它需要更多的傾聽而不是侃侃而談。它是一種持續的互動過程，目的在於創造共識。」

親手向各級主管、普通員工甚至員工家屬寫便條，是傑克．威爾許每天必做的工作。便條內容通常是簡單地詢問下屬的業務進展，或者表達關心之情，有時候還會順便徵求他們對公司決策的意見。雖然往往只是隻言片語，但它跳過了通用電氣的層層傳遞程序，直接發給溝通對象，一下子拉近了自己與員工的距離。

在傑克·威爾許看來，這種簡便靈活的非正式溝通方式，比長篇大論的內部演講更能激勵人心。事實證明，他的想法沒錯。通用電氣公司的員工紛紛把得到「威爾許的便條」視為一種特殊的榮譽，甚至有員工從傳真機上找到他的手寫便條作為收藏品。

對於人力資源管理而言，正式溝通是體，非正式溝通是用。沒有正式溝通機制的公司，組織管理根本不具規範。但缺乏非正式溝通管道的公司，必定會淪為一潭死水。兩種溝通形式相結合才是完整而有效的溝通機制。

CHAPTER 11

帶領隊伍：打造別人挖不走的團隊

團隊建設水準在很大程度上，決定了一家公司的發展後勁。在這個年代，單打獨鬥已經很難成功，團隊作戰才是王道。而團隊建設的任務主要是由各級領導來承擔，領導幹部最重要的能力就是帶隊伍的能力。作為團隊的主心骨，幹部應當尊重每一位團隊成員，保持和睦的隊內人際關係，不斷增強整個團隊的凝聚力。

阿里巴巴在這方面下了很多功夫。馬雲在多次內部談話中，告誡各級幹部別自以為了不起，要意識到功勞是團隊帶給自己的。他還主張不讓團隊中任何一個人掉隊，以團結互助的精神實現團隊成員的共同進步。阿里巴巴心目中的理想團隊是唐僧式的團隊，而領導幹部應該像唐僧那樣管好各式各樣的員工。要做到這一點，領導幹部在進行團隊管理時必須樹立強烈的使命感，並想辦法把各個成員捏合在一起。

把功勞歸於團隊的阿里巴巴組織文化

儘管大家都說團隊合作很重要，但總會忍不住細究團隊各成員中最重要的人是誰。論功行賞的時候，不評個首功出來就感覺不舒服。站在客觀的角度，團隊成員的貢獻肯定是大小有別，績效考核也必然要計算每個人的功勞，拉開功多者與功少者的獎勵待遇差距。但從主觀角度來說，首席功臣如果居功自傲，必定會在團隊中種下滋生嫌隙的種子，導致團隊在今後變得四分五裂。

功勳團隊毀於爭功問題的教訓屢見不鮮，這也是保持團隊合作精神的一大難點。阿里巴巴的應對方略是樹立一種新的組織文化：**從團隊那裡找成功原因，從自己身上找失敗原因，永遠把功勞歸於團隊**。

馬雲說：「我們永遠要覺得成功是因為員工和團隊，失敗是因為我們自己。這個文化在阿里巴巴已經根深蒂固，這是我們的信仰。站在未來看，我今天講的也許是錯誤的，但我仍然堅持我的信仰。我們不是完美的人，我們是有個性的人。」

每個人都不是完美無缺的，包括那些能力、品德、業績三方面都突出的通才，肯定也存在某些缺點。團隊存在的意義就是讓一群不完美的人互相取長補短，組合成一個有機整體，以更高的效率來實現目標，各取所需。

退一萬步來說，就算真有完美的全才，他個人的精力也是有限，必須讓同樣擅長某個方面的隊友代替自己在該領域發力，自己才能集中力量在最擅長的方向尋求突破。這就是比較優勢的原理，團隊合作的另一重意義。

孤立的個人再厲害也做不了很多事，唯有借助團隊的力量，才能超越每個成員的極限。所以，每個人的成功都離不開團隊的支持，就算你是頭號功臣，也不能否認那些在各個環節默默掩護你、衝鋒陷陣的幕後英雄做出的貢獻。

馬雲曾在某次員工大會中說道：「加入阿里巴巴沒有錯。很多人覺得以前自己很能幹，跑到阿里巴巴怎麼變得不能幹了？這就是你自己的原因了。改變世界的一定是你自己。如果你不能影響你的團隊、領導和周圍的部門，再有能力也是假的。所以，要開放思維，迎接挑戰。」

作為帶隊伍的領導幹部，必然要靠所有下屬的共同努力來完成各項目標。團隊表現不佳的原因很多，但主要責任還是在於領導者自身。

過分相信自己，輕視團隊成員的力量；做事一意孤行，不聽別人的忠告；害怕下屬超過自己，故意限制他們的發展；不能跟其他成員保持良好溝通，無法與他們打成一片；習慣性爭功諉過，好事自己獨占，壞事丟給他人分擔。這些不良作風都會影響團隊的凝聚力，而破壞力最大的是最後一條。

領導者如果不懂得與隊友分享勝利果實，不懂得尊重他們的辛苦付出，沒有為下屬承擔風險的責任感，沒有挖掘下屬潛力的使命感，就不可能得到團隊成員的擁戴，也就無從建功立業。

因此，阿里巴巴倡導把功勞歸於全團隊的組織文化，避免每一位優秀的人才因自我膨脹而脫離群眾，從團隊功臣淪為阻礙大家共同進步的絆腳石。

學會欣賞團隊成員的性格差異

有這樣一個故事：老闆A向老闆B抱怨自己手下有三個員工讓人頭痛。員工甲對所有的事都吹毛求疵，完美主義情結變態到令人髮指。員工乙總是焦慮不安，看到一點小問題就擔心會出現大亂子。員工丙自由散漫，總喜歡在上班時間溜出去閒逛。老闆B當場決定要走了這三名員工，讓甲負責品檢工作，讓乙負責安保工作，讓丙去跑業務和拜訪客戶，公司營運績效很快就提升了……

這個故事告訴我們，不同職位對員工的要求存在差異，每一種性格都可以找到用武之地。無論是作為人力資源管理者，還是團隊主管，都應當尊重團隊成員的性格差異。

馬雲對此有很深的感觸。他在員工大會中說過：「我們公司就像一個動物園，各種各樣的人都有，有的人一分鐘可以講很多話，有的人五天不講一句話。創業的時候，我們有個工程師，我問了他一個問題，他一聲響也沒有，不回答我。三個小時後，我都忘了問他什麼了，他突然告訴我答案。這些人都很奇怪，各種用腦子思考的人組成了今天的阿里巴巴。我今天不可能用一句話說出阿里巴巴是用什麼樣的管理制度、什麼樣的價值體系發展到今天的，因為事實不會如此簡單、機械。」

請注意「各種用腦子思考的人組成了今天的阿里巴巴」這句話，它描述了一個客觀事實，反映出阿里巴巴企業文化的開放性和包容性。

人的性格類型多種多樣，可以分為內向型和外向型，也可以分為九型人格，而MBTI職業性格測試則把人分為十六種不同的性格。

某些成功學理論總是說哪種性格的人容易成功，哪種性格的人容易失敗。對於人力資源管理者來說，這是一個認識誤區。

比如，大家通常認為外向型性格的人適合從事銷售，但國際知名銷售大師博恩·崔西指出：七五%的頂尖銷售人員在心理測試中，被認為是個性內向者。如果按照常人的直覺來判斷，說不定這些頂尖銷售員早就被人力資源經理淘汰掉了。可見，**僅從表面上的性格來判斷一個人適合做什麼工作、有多少發展潛力，是件不可靠的事**。具有相同潛在才能和興趣愛好的人，完全可能是不同性格的人。

尺有所短，寸有所長。任何一種性格都有自己的缺點與獨特的優點，只要運用得好，就能揚長避短，組合出化腐朽為神奇的效果。

比如，有的員工沉默寡言，但注意力非常集中，富有鑽研精神，可以讓他們從事技術研發或其他需要深入思考的工作。他們不擅長社交，但不必求全責備。因為，團隊本身就是由多種性格的人組成的。讓擅長社交的人代表團隊負責對外聯繫，讓有奇思妙想的人成為團隊創新的主攻手，讓思維縝密、善於調度的人來協調各成員的配合工作，這樣才能把每個人的優勢發揮得淋漓盡致。

阿里巴巴素來提倡以明星團隊代替個人英雄，**不奢求有完美的員工，而追求打造完美的團隊**。所以，馬雲經常在公司裡強調：「我們是一個團隊，大家要互相開放、互相溝通，能在同一個公司裡工作是很大的緣分。每個人的性格不一樣，你可以不喜歡一個人，可以不和他成為很好的朋友，因為性格不一樣，但是在這個團隊裡，大家是很好的同事。話說回來，老公、老婆之間還有很多看對方不舒服的地方，所以大家在一起要多溝通、多交流。」

性格不同的人，思維方式和行事作風往往有天壤之別。他們可能因為無法相互理解而心生隔閡，但也完全可能因為相互欣賞而結為親密戰友。你不可能喜歡所有的人，也不可能讓所有人都喜歡你。但通過溝通與交流，大家可以加深對彼此的瞭解，並在長期的分工合作中培養良好的默契。假如不能學會尊重與自己不同的人，那在事業上也注定走不了多遠。

總之，我們應該尊重團隊成員的性格差異，不可歧視某些特立獨行的人，應該懷著包容的心態進行溝通。求同存異，和而不同，才能打造出五彩繽紛、團結友愛的理想團隊。

發揚互助精神，不讓任何一個人掉隊

團隊合作在阿里巴巴的六大核心理念中排名第二，大多數企業也會宣揚團隊精神，但每個公司對團隊精神的理解有不小的差別。

阿里巴巴對團隊精神的詮釋，集中體現在馬雲的一段發言裡：「什麼叫團隊精神？有兩個含義：一是平凡的人做不平凡的事情，二是不讓隊友失敗。阿里巴巴的七個公司中，沒有一個公司可以失敗。所以我想，協同是指我能為別人做些什麼。」

按照常規的解釋，團隊精神就是大家精誠團結，一起走向成功。**阿里巴巴卻認為團隊精神的關鍵是「不讓隊友失敗」**，這恰恰是很多企業忽略的地方。

無論團隊合作的口號喊得如何響亮，多數員工還是覺得競爭比合作更重要。大家在形式上是同一團隊的隊友，私底下卻勾心鬥角、相互傾軋。當別人表現好過自己時心生妒忌，當別人不如自己時百般奚落，也許不至於落井下石，但肯定不會雪中送炭。總之一句話，他們每個人都不願意去幫助別人。

這與真正的團隊精神有天壤之別。因為，真正的團隊會相互幫助，對每一位進展不順的隊友伸出援手，不讓任何人掉隊。

馬雲在《贏在中國》第二賽季商業實戰第一場當評委時，對選手們講過一段話：「要把五個具有將來CEO特徵的人拼在一起做一個團隊是不容易的，因為每個人都以自我為中心。所以我經常講，把五個MBA捆在一起做事業很難成功，因為每一個人都想當CEO，每個人都有自己獨特的觀點，很少人願意幫助別人。什麼是團隊呢？團隊就是不要讓團隊中的任何一個人失敗。什麼是優秀的團隊？不讓任何一個隊員掉隊的就是最優秀的團隊。」

團隊講究多人協同作戰，每個人按照自己的位置和職能，來與其他人進行配合。如果有人掉隊，隊形就會出現缺環，削弱整體大於局部之和的效力。如果每個人都以自我為中心，只想著把別人比下去而不願意幫助別人，團隊遲早會散夥。

因此，阿里巴巴要求每個管理幹部都要幫助落後的員工成長，而不是嫌棄他們掉隊。

馬雲曾經批評道：「有時候，他們可能對下面的員工很生氣，認為他們都是飯桶。我今天告訴大家，就算阿里巴巴給你的是飯桶，你也要把他們變成不是飯桶。三年以後，如果這幫人還是飯桶，那你也是飯桶，因為你沒能把他們變成優秀的人。」

提高團隊凝聚力的方法其實只有一條，那就是團結互助。所有團隊成員都以欣賞的眼光看待隊友，相互尊重，為表現好的隊友點讚，不讓任何一個人失敗。大家同舟共濟，相助如左右手，才能乘風破浪、揚帆萬里。

阿里巴巴團隊的九大精神中，排第一的是「團隊精神」，由此演化的六大核心理念改成了「團隊合作」。二字之差在於後者突出了團隊精神最重要的合作意識。假如員工們遇到問題時缺乏互助的行動，就稱不上是真正的團隊合作。

總體來看，阿里巴巴的互助精神與凝聚力，在同行中處於領先水準。這正是集團能不斷屢創佳績、超越自我的根本原因。

直擊阿里：優勢互補的唐僧團隊

什麼樣的團隊才是最好的團隊？各公司對此的認識大相徑庭。在阿里巴巴看來，最好的團隊就是唐僧師徒組成的西天取經團隊。

二〇〇六年，馬雲在主題演講「文化是企業的DNA」中談道：

「我比較喜歡唐僧團隊，而不喜歡劉備團隊。因為劉備團隊太完美，千年難得一見，而唐僧團隊是非常普通的，但它是天下最好的創業團隊。

唐僧雖然沒有什麼非常特別的本事，但是意志異常地堅定，有很強的使命感。他西天取經，一定要取到真經才肯甘休，誰都改變不了，不該做的事情，他一定不會去做。

而且唐僧是一個好領導，他知道孫悟空要管緊，所以要會念緊箍咒，否則孫悟空這種人，他很有可能就會變成『野狗』。公司裡面最愛的是這些人，最討厭的也是這些人。另外，豬八戒也很重要，他是這個團隊的潤滑劑，你別看他很『反動』，但是他特幽默，沒有笑臉的公司是很痛苦的公司。這四個人沒有一個豬八戒，我都不知道這本小說怎麼寫下去。豬八戒小毛病多，但不會犯大錯，偶爾批評批評就可以；至於沙僧，則需要經常鼓勵一番。這樣，一個明星團隊就成形了。」

按照馬雲的定義，唐僧團隊是由四種不同類型的人才所組成。

1. 唐僧型領導

唐僧型領導並不是個人能力突出的業務精英，甚至在很多方面都跟普通人一樣平凡無奇。但他有兩大長處：一是堅定不移地執行企業使命，凡事都圍繞著公司的願景目標來進行；二是懂得怎樣與不同類型的人才相處，重用並嚴格管束能力超群但作風衝動的人，批評小毛病比較多的人，鼓勵踏實肯幹的人。

阿里巴巴高度重視企業文化價值觀，希望公司上下能堅持「四項基本原則」，為三大願景目標鍥而不捨地努力。唐僧型領導在遇到九九八十一難時，也不會動搖自己的企業使命，並且能把不同類型的人才整合在同一團隊之中。

2. 孫悟空型員工

馬雲認為，孫悟空武功高強，品德也不錯，唯一遺憾的是脾氣暴躁。孫悟空型員工的業務能力極強，堪稱團隊的技術核心。沒有他的話，整個團隊的戰鬥力要下降兩個層次。這種人事業心強，可以信賴，但性格衝動暴躁，不嚴格約束的話，就可能淪為業績出色但輕視規則的「野狗」型員工。

作為互聯網行業的一大領軍企業，阿里巴巴非常重視技術創新與模式創新。孫悟空型員工擁有公司全體成員中最出色的創造力，是貫徹「擁抱變化」基本原則的主力軍。所以，要用價值觀與嚴明的紀律來約束他們，使之為團隊發揮最大的能量。

3. 豬八戒型員工

在馬雲看來，豬八戒雖然狡猾，小毛病很多，意志不堅定，動不動就嚷嚷著「散夥」，但他為團隊生活帶來了很多情趣，是團隊必不可少的潤滑劑。

阿里巴巴提倡「笑臉文化」與「快樂工作」的理念，希望為全體員工創造一個更溫馨、輕鬆、活潑的工作氛圍，以對抗互聯網行業激烈競爭帶來的巨大壓力。豬八戒型員工的業務能力平平，幹活也不賣力，但在貫徹這兩個理念上最是得力，發揮了其他成員無法替代的作用。所以，要想辦法讓他們成為團隊氣氛的調節者，為全體員工疏導壓力。

4. 沙僧型員工

馬雲認為沙僧是個不講人情和價值觀、幹完活兒就回家睡覺的人。這樣的員工與豬八戒型員工恰好相反，踏實肯幹，不偷奸耍滑，但過分實在，沒有什麼高遠的理想。

阿里巴巴一直主張招聘認同企業價值觀的員工，在培訓時不斷加強企業文化教育。沙僧型員工並非不認同公司的文化價值觀，只是更在乎做實際工作，不太考慮虛的東西。所以，他們需要唐僧型領導指引方向，需要孫悟空型的業務高手突破事業難關，需要豬八戒型員工來豐富沉悶的生活節奏。

以上四類人才各有所長也各有明顯的缺點，單獨拿出來的話，都不足以成就大事。但四者組合在一起時，彼此的優點彌補了各自的短處，形成一個集堅定信念、過硬能力、活躍氛圍、超高效率的明星團隊。阿里巴巴涉足多元化業務，但組建團隊時往往注意搭配不同性格和能力特點的人才，盡量朝唐僧團隊的方向努力，以求實現各類人才的最優配置。

CHAPTER 12

挽留人才：用廣闊的舞臺留住優秀者的心

再優秀的企業也有主動辭職的頂尖人才，那些普普通通的企業更是有員工不斷跳槽。沒有哪個公司的員工流動率是零，保持適度的員工流動率有助於提高公司的活力，但員工流動率過高則會損害企業的根基。所以，離職管理也是人力資源管理不可忽略的重要環節。如果公司能做好這方面，就能挽留更多人才，減少不必要的人力資源流失。

馬雲曾在演講中說過，阿里巴巴不給任何員工關於成功的承諾，因為成功不是公司給員工的，而是每一位員工自己爭取的。但阿里巴巴對挽留人才一事非常用心，可謂絞盡腦汁。在併購雅虎中國之後，阿里巴巴安頓了大量前雅虎員工，創造了「留人四寶」等辦法。阿里巴巴還採取雙軌道的職業生涯規劃，通過拓寬各類人才在公司裡的發展前途，挽留寶貴的人才資源。

減少離職帶來的負面影響

判斷一個企業是否有發展前途，其中一個辦法就是看該企業能否留住人才。留得住人才的公司，哪怕公司很小，也遲早會發展壯大。留不住人才的公司，就算現在是世界五百強，也遲早會被其他競爭對手取而代之。

就目前而言，我國勞動者的流動性愈來愈大，企業愈來愈難以挽留人才。原因是多方面的，其中一個就是輕視離職管理。

員工離職是每個企業都經常面對的情況，尤其是中國，勞動力富餘，每年新增職位不足跟新增待業人口一一對應，大多數公司都不是很在意離職管理問題，總覺得馬上能從人力資源市場招聘到新人。這種觀念在過去的粗放型增長模式下還能行得通，但未必適合今天的市場形勢。因為，優秀的專業人才永遠是稀少資源，人才梯隊的品質遠比數量更重要。一個精銳人才的離職，有可能會導致整個團隊的戰鬥力迅速下滑。如果該團隊掌握的是核心業務，公司受到的影響會更加明顯。

企業人力資源管理中，最主要的危機就是員工大量流失，特別是核心員工突然離職。由此造成的直接損失包括離職管理成本、尋找替代者的招聘成本、培訓新員工的成本、新員工能力達不到原核心員工水準的成本，以及新員工失誤帶來的補償成本。由此造成的間接損失更是難以估量，甚至可能迫使公司徹底改變當前的發展方向，喪失原有的核心競爭力。

因此，人力資源管理部門必須高度重視離職管理工作，預防公司出現人才流失過於頻繁的惡果。當然，掌握好離職管理不等於阻止正常的員工流動，把少數員工的正常離職也視為洪水猛獸。

為什麼阿里巴巴不擔心人才流失？

在二〇一四年的一次宴會中，有人問馬雲：「阿里巴巴上市後有不少持股員工都財務自由了，公司會怎樣看待人才流失問題？」

馬雲笑道：「好的公司一定要進來困難出去容易，否則進來容易出去困難，那就是監獄了。」接著，他又請時任首席人才官的彭蕾來回答這個問題。

彭蕾說：「阿里是一個簡單的公司，公司的價值觀不會因為上市而有所改變，我做HR這麼多年，公司的人來來去去很正常。如果員工認同公司的價值觀，在公司做得開心，自然會留下；反之如果不認可，在公司不開心的話，離開是更好的選擇，留下反而對個人和公司都不好。」

合則留，不合則去，順其自然，各得其宜，這就是阿里巴巴的離職管理原則。阿里巴巴的自信主要來自兩個方面：

第一，爭做全球最佳雇主的願景目標與倡導「快樂工作」的企業文化。

阿里巴巴十分強調員工對價值觀的認同感，不認同公司價值觀的員工都可以離職。而對於那些認同企業使命和喜歡公司氛圍的員工，阿里巴巴則通過多方面的物質、精神激勵措施來保障他們的安全感與歸屬感。通過這些舉措，主動離職的員工往往是那些已經不能滿足公司職位需求的人，不會對阿里巴巴的核心業務產生致命一擊。

第二，重視團隊建設和人才梯隊的培養。

馬雲指出：「被挖走一、兩個人，會不會對團隊產生影響？會，但是不會影響到大局。因為經過這麼多年的配合，我們每個人都像螺絲釘一樣，將各個部門牢固地拼接成一個團隊。面對這樣一個團隊，挖一個普通員工或幹部去有什麼用呢？」

阿里巴巴有很多核心員工，但更多的是靠核心團隊作戰，並不過分依賴個別天才。完善的人才梯隊建設，也使得每個部門或團隊不會因為員工離職而造成人才的缺口，也不至於造成整個團隊的停擺。

通過這兩個方面的努力，阿里巴巴從源頭上堵住了出現大範圍人才流失的可能性，大大提高了組織結構的穩定性。正因為如此，阿里巴巴才能在離職管理上更加從容，不至於陷入終日惴惴不安的恐懼。阿里巴巴的人才流失率低於一〇％，其中淘寶網的流失率只有三％。這比互聯網行業的平均人才流失率要低很多，公司的離職管理效果十分顯著。

由此可見，想要掌握離職管理工作，最根本的還是充實公司的人力資源儲備，並提高現有員工的安全感與歸屬感。如果不從源頭上解決問題，只是一味地阻攔員工提交辭呈，再財大氣粗的百年老店，也無法阻止人才流失的趨勢。

合理控制員工流動率

俗話說：「鐵打的營盤，流水的兵。」一個企業的招牌可能會保持幾十年甚至上百年，但其人員構成肯定不會一直保持最初的樣子。當企業發展到一定階段時，最早一批員工會對公司的未來持不同看法，分歧多了就會有一批人離開。

馬雲說：「員工辭職原因林林總總，只有兩種最真實：一是錢沒給到位，二是心受委屈了。這些歸根到底就一條：幹得不爽。這些員工走的時候還費盡心思找靠譜的理由，為的就是給你留面子，不想說出你的管理有多爛，他對你已經失望透頂。仔細想想，真是人性本善。作為管理者，定要樂於反思。」

公司招募一批新人補充各職位的人力資源缺口，經過一段時間後，有些人融入了公司環境，扎根下來，有些人可能由於種種原因而無法融入單位，只能選擇離開。於是，企業又進入新一輪的招聘與篩選，以求保持公司核心部位及團隊都有人才可用。

經過一輪又一輪的人員更選，公司的人力資源結構自然與最初的模樣大相徑庭。從這個意義上說，員工流動就像細胞的新陳代謝，是公司發展的必經之路，也是優化人才梯隊結構的原動力。

但是，員工流動率過高的話，就意味著公司留不住人才。這又對企業發展造成阻礙作用，有時候甚至會出現釜底抽薪的後果。

面對想離職的員工要「區別對待」

我們常說一個企業有多少客戶資源，實際上是把該企業全體員工手中掌握的客戶資源加總計算。做決策的是公司高層，但具體辦事的是基層員工。很多客戶對某個企業的瞭解，主要來自於負責接待自己的該公司員工。從這個意義上講，客戶是看在這名員工的分上，才選擇與公司交易。如果自己熟悉的員工離職到別的公司，客戶有時也會隨之改變原有的消費偏好，繼續關照對方的生意。

也就是說，**員工流動有時候不光意味著人才流失，還將導致客戶資源的外流**。所以公司必須把員工流動率控制在一個合理的範圍，既能促進企業的新陳代謝，又不至於造成嚴重的人才和客戶資源的雙流失現象。

要做到這點，就應該區別對待申請離職的員工。對公司發展影響不大或實在難以繼續合作的，就痛快放人；對公司發展非常重要且還能繼續合作的，要以優厚的條件千方百計地留住他們。

阿里巴巴前首席人才官彭蕾，對這個問題的態度就很有代表性。她說：「有些人，如果他在公司時間已經很久了，他也很累了，能力也到一定瓶頸了，他現在也有那麼多錢了，決定離開，我覺得應該為他們高興，公司和他互相都有了個交代。另外，還有一些人是有能力、有潛力的，這些人我們要想方設法留住，怎麼留呢？除了利益，我覺得還是要用事業留人，他不能覺得阿里巴巴已經到一個巔峰了，他也沒什麼事可幹了，其實我們還有很多很多事情，今天阿里巴巴的藍圖也是剛展開。」

就事論事，一個人在某家公司工作了很長的時間後，的確會產生精神上的疲倦感。事業有成，提升空間不大，家境富裕，不像創業初期那樣激情十足。想換個新環境或急流勇退，也屬於正常想法。

儘管他們曾經勞苦功高，但已經沒有奮鬥的動力，能力也發揮到了極限。就算繼續留下來，對公司的發展也沒有多少幫助。這樣的人才就無須強行挽留，好聚好散，爽快放行，才是兩兩相便的辦法。這不是卸磨殺驢，反而是富有人情味的舉措。

對於那些還有成長空間的人才，阿里巴巴則極力挽留。這類人才在公司任職多年，熟悉業務與價值觀。培養出一個足以替代他們的新人，需要花費很多時間和成本。對於人力資源管理部門來說，留住這筆還能發揮餘熱的人才資源，遠比重新招募及培訓一批發展前途不明的新人要划算得多。

通過區別對待的辦法，人力資源管理部門可以把員工流動率控制在對公司更有利的水準。一方面，那些無心也無力再為公司貢獻的老員工離職後，可以為其他員工騰出一些重要職位，激勵留下來的人努力上進。另一方面，公司留住了自己最需要的老員工，減少無謂的人才及客戶資源流失；而那些老員工也獲得更好的待遇與新的發展目標，實現組織與個人的雙贏。

總之，員工流動率不是洪水猛獸，也不是可以忽略的小事，只要能將其控制在合理的範圍，就能為公司發展帶來新的助力。

建立人才梯隊的關鍵點

不少新球迷認為那些經常拿冠軍的足球豪門俱樂部，靠的是砸錢買大牌球星。雖然這是原因之一，但不是主要原因，要知道大牌球星在不適合自己的俱樂部裡也照樣會水土不服，無法發揮作用。冠軍豪門俱樂部真正的立足之本，不是那些從外面空降的大牌球星，而是通過組建各年齡段的後備軍梯隊來儲備人才，用造血機制維持自己的發展後勁。足球俱樂部也是一種特殊的企業，其人才梯隊的建立辦法，對其他類型企業也不無借鑑意義。

阿里巴巴立志要做一百零二年的企業。這意味著馬雲這一代高層管理者和員工在幾十年後全部退出歷史舞臺，集團裡所有大大小小的職位，都由現在剛出生甚至還沒出生的人接任。他們能否把第一代創始人心中的遠大目標貫徹到底，還是未知數。不過，可以肯定的是，只要阿里巴巴重視人才梯隊建設，就有希望實現薪火相傳。

其實，當一個公司發展到五年以上時，這類問題就迫在眉睫了。馬雲曾在一次會議中指出：「以前我們有大量的資源、精力，特別是人才聚集在這裡，但今天我們面臨的狀況是人才資源短缺，我們沒有辦法，我們必須四處搶占這樣的市場，我們對未來的市場要有戰略布局。我們今天的營業額的壓力遠遠超過五年前、七年前，但是人才資源的配備已經不如以前了，因為我們的新人和年輕人愈來愈多。每個年輕人都說，要是給我一次機會，我一定能讓阿里巴巴邁上新臺階。好，現在你們要的機會來了。前天我發出通知，目前B2B向外部公司的調動一律停止。在未來五個月內，我們會凍結所有B2B人才向外的調動，哪怕是普通員工的調離，也必須由集團CEO批准。」

由於阿里巴巴集團擴張速度極快，精兵良將被調到各個新專案上，人才資源變得捉襟見肘。為此，馬雲不得不停止向外調動B2B人才，以確保核心業務有充足的百戰老兵可用。

集團各事業群組的領導者，最初都是在一個團隊裡並肩作戰。隨著公司規模擴大，他們作為火種被拆散開來，成為各個團隊、部門、子公司的主管。他們原先的位置由後進來的優秀員工頂上去……人才梯隊就是按照這個節奏進行新陳代謝的。假如有某個層級出現人才短缺，相關的職位、部門、子公司就會面臨青黃不接的困境。因此，公司應該盡早建設人才梯隊，以免在關鍵環節出現過多的人才缺口。

人力資源的三種等級

通常而言，一個企業的人才梯隊資源庫主要包括以下幾個方面：

1.關鍵職位的人才梯隊

關鍵職位指的是對維護公司正常營運與未來發展有重大影響的各類職位，涵蓋了領導、銷售、技術、財務、人事、行政等各類工作。這些不同類型的關鍵職位，組成了公司的「龍骨」，只要「龍骨」穩定，公司就不會在驚濤駭浪中散架。公司應對所有的關鍵職位，預先選拔候選繼任人進行重點培養。

2.管理職位的人才梯隊

管理職位指的是集團旗下各個團隊、部門、子公司的負責人。企業組織的發展後勁，在很大程度上要看管理幹部隊伍的「板凳厚度」。當原先的負責人升職或離職後，升格為主力隊員的替補隊員的能力，就成了維繫組織生命力和戰鬥力的關鍵。為了避免各子公司及部門缺乏新的負責人，公司應該及早制訂接班人計畫，讓新舊交替過程變得更為波瀾不驚。

3.其他職位的後備人才梯隊

其他職位看起來不像關鍵職位與管理職位那麼重要，但這些職位恰恰是前兩類職位人才梯隊的蓄水池。一般來說，關鍵職位與管理職位的人才梯隊，都是由入職多年的資深員工組成的，其他職位的後備人才梯隊平均年齡要年輕得多。那些還沒有進入前兩類職位繼任計畫的優秀人才，無論是從事哪個職位，都可以放入後備人才梯隊中。公司應根據他們的不同特長進行培養，然後在合適的時候擇優增補進前兩個梯隊。

最後，如果繼任人太多就會讓人才梯隊過於臃腫，發揮不了擇優培養的激勵作用。繼任人太少則會縮小選擇的餘地，不利於提拔有潛力的員工。所以，人才梯隊資源庫的建設通常遵循一比三的比例，每個職位儲備三個候選繼任人。而且最終沒能繼任的候選人，也應該將其調到其他同級或更高一級的重要職位上，以表示公司對他們的器重。

直擊阿里：雙軌道升職路線

員工為公司效力的一個基本目的是實現自我價值，包括提高經濟收入，提升社會地位和業內名望，等等。無論哪個職位上的員工，都希望能升職加薪、得到表揚。

按照常規的管理方法，公司會提拔業績考核優異的員工當管理幹部，以便發揮其業務骨幹作用，並激勵其他員工力爭上游。但在人力資源管理實踐中，這種激勵措施不一定都能發揮積極作用。有時候，反而會讓該員工的長處無力施展，短處充分暴露。

在現代企業中，人力資源主要分為專業技術人才與管理人才兩大類型。專業技術人才不光是搞產品研發的工程師，非管理職務的銷售人員、客服人員等也屬於這種類型。管理人才顧名思義，就是協調和指揮各部門團隊分工合作的領導者。只有兩大類人才「配置齊全」時，公司才能得到長足的發展。

每個人的資質、性格、興趣、潛質有很大差異，並不是所有專業技術人才都適合提拔到管理職位上，用單一的業績考核指標來管理人才，可能會錯過其真正的實力。

對此，阿里巴巴設計員工職業生涯規劃時，採取了「管理線」（management）與「學術線」（professional）並存的雙軌道機制。

如果一名員工的業績突出，又有當管理幹部的潛質，通常是沿著管理線升職。隨著功勞的積累，他將依次升級為Head（首長）、Manager（經理）、Director（主管）、VP（副總裁）、Senior VP（高級副總裁）、CEO（執行總裁）。

而那些擁有一技之長但又不適合管理工作的員工，比如技術研發、管理諮詢、業務研究等領域的員工，阿里巴巴提供的升遷路線就複雜多了，分為勇士、騎士、俠客、英雄、大師、首領。

按照規定，新員工轉正後獲得勇士資格，三至六個月後視情況升為騎士、俠客。繼續晉升就獲得英雄等級，但英雄內又細分為A、B、C三等。再往後依次晉升為大師和最高級的首領。

這些不同的等級有點類似部隊的軍銜，同一軍銜的管理人才與專業學術人才地位相當，但分工差異極大。一般公司的員工職業生涯規劃路線比較單一，利於提拔常規型的管理人才，而不利於專精一域的各類專業人才升遷。久而久之，其他類型的專業人才就無法得到有效激勵，從而萌生退意，導致公司人才團隊結構走向失衡。

在如今的阿里巴巴高層中，有不少能人就得益於這種別具一格的雙軌晉升機制。

阿里巴巴集團首席人才官兼菜鳥網路董事長童文紅，在阿里巴巴的第一個職務是前臺。她來求職時已經三十多歲，並無多少專業背景，沒什麼競爭優勢。但童文紅在接下來的一年中兢兢業業、辦事周密，深得時任首席人才官彭蕾賞識。彭蕾破格提拔她為行政部主管，童文紅起初有些猶豫，但在彭蕾的鼓勵下接下這副擔子。此後，童文紅先後在阿里巴巴集團的行政、客服、人力資源等部門從事管理工作，一步一步升遷到菜鳥網路董事長。

現在的童文紅不僅完成了從前臺小妹到億萬富豪的華麗轉身，後來又入圍了阿里巴巴上市後的二十七位合夥人名單（現已增加至三十人）。

阿里巴巴CTO（首席技術官）王堅是一名優秀的技術工程師，有著超前的理念，但不善於表達和管理。據說負責阿里巴巴雲計算業務的他，曾經在員工大會上演講，許多場下的員工聽到一半就呼呼大睡。後來王堅辭去了阿里雲總裁的管理職務，專注於集團首席技術官的工作。

假如阿里巴巴沒有「學術線」這個晉升機制的話，像王堅與曾鳴教授這樣的專業學術型人才，恐怕很難達到現在的地位。阿里巴巴將會失去不少特殊的優秀人才。

阿里巴巴是一個提倡「擁抱變化」的公司，為了避免大型組織常見的僵化低效等體制弊端（俗稱「大企業病」），公司高層始終不斷調整組織結構。推行這套人才機制，就是為了盡可能地讓各類稀奇古怪的偏才，都能得到充分的發展。正因如此，阿里巴巴才能留住各類人才的心，促進公司團隊的全面健康發展。

職場通　職場通系列 041

阿里巴巴用人術

馬雲的獨門識人用人戰略，打造最具競爭力的核心團隊

編 著 者　陳　偉
總 編 輯　何玉美
責任編輯　曾曉玲
封面設計　萬勝安
內文排版　菩薩蠻數位股份有限公司
封面圖片　達志影像

出版發行　采實出版集團
行銷企劃　陳佩宜・陳詩婷・陳苑如
業務發行　林詩富・張世明・吳淑華・林踏欣・林坤蓉
會計行政　王雅蕙・李韶婉
法律顧問　第一國際法律事務所　余淑杏律師
電子信箱　acme@acmebook.com.tw
采實官網　www.acmebook.com.tw
采實文化粉絲團　http://www.facebook.com/acmebook

I S B N　978-957-8950-17-7
定　　價　320 元
初版一刷　2018 年 3 月
劃撥帳號　50148859
劃撥戶名　采實文化事業股份有限公司
104 台北市中山區建國北路二段 92 號 9 樓
電話：02-2518-5198
傳真：02-2518-2098

國家圖書館出版品預行編目資料

阿里巴巴用人術 / 陳偉作. -- 初版. -- 臺北市：核果文化,
2018.03　面；　公分
ISBN 978-957-8950-17-7(平裝)

1.企業管理 2.企業領導

494　　107000705